搜宠客 宠尚生活系列

林海 主编

HUSKY
哈士奇犬

化学工业出版社

·北京·

哈士奇作为深受犬友喜爱的犬种，也是银幕影视的宠物大明星。它来自于西伯利亚，品质优良、热情友好、活泼宽容、自由畅快。更由于体型适中，威武英姿、眼神深邃、矫健灵动、活力充沛，深受养护伴侣犬人士的青睐。我们特约业内从事实际养育的专家分享哈士奇犬有关食、住、行、玩、乐等方面的经验，编成这本"宝典"，供养护爱犬的朋友参考使用。

图书在版编目（CIP）数据

哈士奇犬／林海主编. —北京：化学工业出版社，2012.7
　（宠尚生活系列）
　ISBN 978-7-122-14438-6

Ⅰ. ①哈… Ⅱ. ①林… Ⅲ. ①犬-驯养 Ⅳ. ①S829.2

中国版本图书馆CIP数据核字（2012）第112904号

责任编辑：刘亚军　　　　　　　　文字编辑：谢蓉蓉
责任校对：蒋　宇　　　　　　　　装帧设计：水长流文化

出版发行：化学工业出版社（北京市东城区青年湖南街13号　邮政编码100011）
印　　装：北京画中画印刷有限公司
880mm×1230mm 1/32 印张5¼ 字数156千字 2012年11月北京第1版第1次印刷

购书咨询：010-64518888（传真：010-64519686）　售后服务：010-64518899
网　　址：http://www.cip.com.cn
凡购买本书，如有缺损质量问题，本社销售中心负责调换。

定　　价：35.00元

本书编委会成员

林　海　谢森翔　杨　玲　刘载春
吕仁山　张　辉　周　宇　孟　静

前言

这是一套单犬种、精品消费类时尚养宠"宝典"系列丛书。

当一只狗狗来到我们身边，我们的关注并非仅仅停留在它的体貌特征和性格特点上。在狗狗十来年的生活中，离不开吃、喝、住、用、行，伴随着其成长、壮年、变老，无时无刻都离不开我们的悉心照顾及精心护理。

对于一个养犬的家庭或者个人来说，对养犬的消费往往有不同的观点：一种认为养犬是一件很简单的事情，没有必要强调"消费"，吃什么都一样；另一种认为养犬是一件不简单的事情，每个细节都必须追求"到位"，"消费"应当合情合理，讲究科学才好。

目前，宠物经济的发展已经逐步形成一个新兴的产业，也在逐步影响着养宠人的生活。为宠物专门研制的各类产品，已经不是简单满足狗狗日常的生存需要，而更加强调细节的功能性、差异化、人性化，不仅可以提高狗狗的生活品质，人们使用起来也越来越安全、便利而有效。

作为每一类特定的犬种，养宠"宝典"读物并非能以点带面，统一的内容也并不适用，而是通过有序而明晰地引导，细致翔实的笔触，将涉及特定犬种的一个个似乎熟悉，但观念又很模糊的问题娓娓道来，配合生动的画面，才会让读者有身临其境的感觉。

哈士奇在我们的生活中广受欢迎，不仅有"明星"的面庞、活泼亲和的性格，还有旺盛的

精力、良好的适应能力和顺从性。目前，身边的哈士奇犬已经相当的都市化，也能很好地陪伴我们。哈士奇的精致生活，给人们创造出更多的想象空间，对于追寻品质、品牌、品位的养宠人，它不仅使我们感受到更多的快乐与幸福，更能享受到有一只哈士奇犬陪伴，是一种骄傲和欣慰。

本书没有忽视日常生活的点滴细节，只要涉及爱犬的"消费"秘籍，力求包括在内。消费是一门学问，养一只人见人爱的哈士奇犬，需要掌握更多的科学方法、了解适合实用的日常习惯，汲取更加人性化的养犬经验，避免消费上的种种误区。以"消费"作为一种养犬时尚，更体现了人们对美好生活的追求。

为丰富养犬人士对当今宠物时尚生活比较直观的了解，我们约请部分国内外知名品牌的代理商，公益性地提供了许多产品品种和式样，旨在让大家对丰富的宠物商品市场有更多的了解。这种有别于其他图书的做法，希望对读者有一定的帮助和借鉴。

在此，非常感谢《宠尚生活》编委会老师们的辛勤付出，对专业要求的一丝不苟，给予了多方面技术层面的建议、意见和指导，提供了更广泛的养犬素材及应用介绍。感谢林海先生主笔并提供哈士奇犬的精美照片。感谢拍拍宠客时尚生活连锁机构全体同人的共同努力。感谢业界各大宠物产品代理商、生产厂商包括北京明祥达、海巍（国际）宠物中心、中景世纪、北京凌冠商贸有限责任公司、三美宠物用品有限公司、北京长林宠物用品有限公司、北京众智金成商贸有限公司（不分排名先后）等单位的大力协作。感谢拍拍宠客时尚生活连锁机构品牌合作店配合拍摄。感谢叶海强先生以及家人对本套系列丛书的支持与关注。

特别感谢雪族犬舍孟静小姐、佳佳女士、晴天犬业等业内资深老师和专家对本书编著过程的倾心配合与全力协助。

最后，衷心地感谢孙芳华、矫永平、石松、陈迟、石文发、林新华、李妍书、林慧等，以及所有关心拍拍宠客时尚生活连锁机构发展的朋友。

编者
2012年6月

CONTENTS

目录

第4章 哈士奇狗狗
要玩就玩个痛快

第5章 哈士奇狗狗
吸引眼球的本领

第6章 有良好教养的哈士奇狗狗
新生活的开始

第7章 哈士奇狗狗
行走四方

第8章 哈士奇狗狗
家中百宝箱

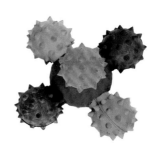

哈士奇狗狗
宠尚奇缘

HUSKY DOGS

第1章

宠尚家族
哈士奇犬

　　哈士奇犬（以下简称哈士奇），又称为西伯利亚雪橇犬。顾名思义，该类犬种的祖先是由楚克奇人（Chukchi）繁殖而来，而位于极寒地区，哈士奇自然而然被用于拖拉雪橇，逐步成为名副其实的工作犬。

　　哈士奇的英文名称是"The Siberian Husky"。"Husky"类似于它沙哑的叫声，也很像阿拉斯加淘金客拉动雪橇时发出的声音。

　　提到哈士奇，人们往往会联想到狼，在苍茫静穆的雪地崖边，天上的一轮圆月映衬着神秘而广阔的荒原，一声一声地嚎叫，动彻夜空。尽管貌似，但哈士奇已经被驯化，很少有长时间吠叫的习性了。

　　因为哈士奇犬拥有体貌、气质、动感的独特魅力，所以深受人们的青睐。俊逸挺拔、粗犷豪迈、威严冷静的外形下，流露出率真、坚定、不卑不亢的性情，对大自然的憧憬、对自由的向往、对运动的渴望，让我们的生活也充满活力和激情。

　　现代的哈士奇犬已经能完全融入我们的生活中，当然，我们不会再让它为我们"拉雪橇"，而是作为伴侣犬与我们共享无尽的欢乐和幸福。

1 家族新闻

35000年前，中亚人携犬（胡狼形态的犬）在西伯利亚与北极地带，使其与北极狼杂交衍生出北方犬种，除了哈士奇犬，还包括阿拉斯加玛拉慕迪犬（Malamute）、萨摩耶犬（Samoyed）、猎麋犬（Elkhound）等。

中石器时代开始用狗拉雪橇，哈士奇犬还可以看守家畜。

3000年以来，西伯利亚的伊努伊人使用哈士奇犬看守驯鹿，楚克奇人将这种耐力好、能在极寒环境中长途跋涉的犬只进行优化培育。

1800年代中期，英国国会通过禁止将狗作为托运工具的法律，由此，包括哈士奇犬在内的众多犬只，结束了类似的工作经历。

1909年，在阿拉斯加的犬赛中，哈士奇犬首度亮相。

1930年，哈士奇犬被美国养犬俱乐部承认。

1938年，美国成立哈士奇俱乐部（SHCA）。

20世纪中期，哈士奇犬参与了南极探险活动、北极地区的科考研究、第二次世界大战空运技术中心救援等。

1960年以后，哈士奇犬被全世界广泛接受，成为最具知名度和受欢迎的犬种之一。

2 家族经典故事

雪橇犬比赛受关注

1880年，阿拉斯加被发现蕴藏着丰富的黄金。1896年，在临近加拿大西北部育康领地附近，涌入了大量的淘金者。一个名叫Scotty的人提议举办雪橇犬比赛。1907年，NOME犬舍俱乐部成立并承办雪橇犬比赛，第一任理事长Albert Fink为此制定了竞赛规则，选择4月为比赛时段。此时，雪橇犬比赛的器材、用品、设备都有了长足的进步，比赛速度和安全性也有了很大的提升。

1908年，第一届阿拉斯加雪橇大赛（Allalaska Sweepstakes）隆重举行，John Hegness驾驶Albert Fink的雪橇队获得了冠军，比赛受到了极大的关注，大量游客纷至沓来。一位名叫William Goosak的俄国皮毛商，率领着一支由西伯利亚哈士奇犬组成的雪橇队，于1909年4月的比赛中获得了第三名的好成绩，这让更多的人开始了解西伯利亚哈士奇犬的实力。

1910年，一位毕业于牛津大学也来淘金的Fox Maule Ramsay的年轻人用重金引进的70只西伯利亚哈士奇犬分为三组报名，结果获得了第一、第二、及第四名。接下来的两年中连获第三，第四年获第二，第五年又勇夺冠军。

1915～1917年，连续三年的雪橇竞赛冠军都由Seppala带领的西伯利亚哈士奇犬获得。1918年，比赛因第一次世界大战中断。

传奇救人立大功

1925年1月，NOME地区的居民受到白喉恶疾的侵袭，但可供血清的ANCHOPAGE距离NOME955英里，将药品通过火车运送到的最近地点NENANA离NOME还有650英里，这段距离只能通过雪橇运输。情况危急，刻不容缓，尽管面对极寒天气和多变地形，Snppala率领八支雪橇队轮替接力的方式仅用五天半的时间（是常规美国邮差雪橇队用时的1/5多点），圆满完成了此次救人行动。尤其是西伯利亚哈士奇犬雪橇队独立完成了340英里，而其他雪橇队没有一支超过53英里。Snppala也因此举世闻名。

Togo——哈士奇犬的明星

　　作为Snppala的爱犬，Togo的父亲是曾经连续三年雪橇竞赛冠军的领队犬Suggnn。仅仅8个月大，它已经成为雪橇队的头犬。自1918年以后，Togo作为唯一的领队犬获得了无数冠军，累计里程超过8041.5英里，并参与了1925年1月的救助NOME运送血清药品的长途运送，当年Togo已经10岁。1929年12月，Togo离世。它的事迹被广泛传颂，遗体被存放在佛蒙特州的博物馆里，接受犬迷的凭吊。

《冰雪的教训》——詹姆士威廉

　　讲述了在人、哈士奇等犬与雪橇三者间，形成了只有通力协作、共敌恶劣环境才能克服困难，挽救生命的动人故事。

《雪地狂奔》（Snow Dogs）——布莱恩·莱温特（Brian Levant）

　　这是一部适合老少全家共同欣赏的喜剧动作片。它不仅是一部历险故事，也是一部人和动物协作的幽默故事。其中，八只冠军雪橇犬中有七只是哈士奇犬，摆脱了恶人当道、愤世嫉俗、沉重罪孽的束缚，却将有趣的故事呈现在我们面前。

《决战冰河》——查尔斯·海德

　　根据真人真事改编而成。在励志主题的映衬下，主人公将一句话深深地印刻在心中"在你陷入困境的时候，你谁都不能相信，你能相信的只有你的狗！"人与犬的温情画面让人动容。

《雪狗兄弟》（Snow Buddies）——Robert Vince

　　戏作三昧在《超可爱加一星》中对《雪狗兄弟》有这样的影评："不喜欢都很难，酷得无法形容的雪橇犬，美丽的极光。故事没什么，指望给小孩子看的故事很复杂很深刻吗？当然不会。五只金毛简直可爱极了。连我这种不养狗的人都没法抗拒那种可爱。不过最最可爱的，当然还是领头的小哈士奇，帅得没天理啊，加上配音，简直是活脱脱的小大人。"

《南极大冒险》（Eight Below）——弗兰克·马歇尔（Frank Marshall）

来自悦然的影评《只带狗狗去孤岛》中是这样说的："看了《南极大冒险》，又名《零下八度》，我哭得稀里哗啦，湿掉一包纸巾仍不够。"

"我是很中意大狗的，狗一定要雄壮、剽悍、勇敢、通灵。我不喜欢袖珍的宠物狗，觉得太像玩具了，真正的好狗，还是要有武士的气质、狼的野性、熊的傲慢，以及人的思想、天使的心灵。"

"我以前读黄集伟编的《孤岛访谈录》，里面提到一个设问：如果让你带一本书，一首音乐，一个朋友到一个孤岛上去生活一段不短的时间，你会选什么？前面两个选项其实很难，答案也时时会变，后一项我是不用想、也永不会变。我是要带一只狗，一只真正神武的、聪明的、十分懂我我也懂它的狗。其他任何人，都不在考虑之列。

皆因，人与人的相处，爱的反面会是恨或是厌倦，而与狗的相处，爱的反面与正面是一样的，更多的忠诚、信任、依赖，还有无邪。"

《最后的猎人》（Le Dernier Trappeur）——尼可拉斯凡尼尔（Nicolas Vanier）

影片不仅是一部让人记忆深刻的记事片，更是一部艰难拍摄的电影。一年半的拍摄，−50℃的极寒，留下了景观壮阔、茫茫雪原的胜景。故事讲述了诺曼温德（Norman Winther），这位崇尚自然、对洛基山脉具有深刻理解的仅存猎人，与印第安人那哈尼族的妻子涅芭斯卡和一群忠实的哈士奇犬，在严冬雪原上，抗击大灰熊与狼群。虽然这是作为猎人非常寻常生活的一部分，但更表现出他坚定地相信与大自然共享及交流的观念，对位居食物链顶端的奇怪动物——人类的平衡而言，是极为重要的；同时，颂赞了一种与动物及大自然完美结合的生活方式。

《南极物语》（日本）——主演高仓健

作为日本影坛重量级的作品之一，历时三年、耗资25亿日元在北海道北端拍摄，重点悲壮而震撼地描述了雪橇犬和人类与残酷的大自然抗争的故事，神话般地吸引了880万人观影、创造了59亿的票房纪录，并保持了15年。

它们常是影视中的主角

3 要点元素

（包括哈士奇犬AKC标准）

昵称：小哈
组别：工作犬
产地：西伯利亚
寿命：11～12岁
身高：公犬／肩高21～23英寸（53～58厘米）
　　　　母犬／肩高20～22英寸（51～56厘米）
体重：公犬／45～60磅（20～27千克）
　　　　母犬／35～50磅（16～23千克）

基本特征和体质

中等身材、骨骼适中、比例协调、行动自如。骨骼不宜过大或超重，步调不显笨拙。身体比例和体形反映了力量、速度和忍耐力最基本的平衡状况。公犬肌肉发达，但是轮廓不粗糙；母犬充满灵气而妩媚，但是不懦弱。

耳朵

大小适中，三角形，相距较近，位于头部较高位置。耳朵毛厚，背部略微呈拱形，耳尖略圆，竖直向上。

颜色

所有毛色均可，由黑色至白色，由棕色至红色不等。

眼睛

杏仁状，间隔距离适中。眼睛可以是棕色或蓝色；两眼颜色不同，或每只眼都有两种颜色。

颚部和牙齿

结实、整齐的牙齿，剪状咬合。

前驱

前肢直、平行。肘部接近身体，不向内外翻。从侧面看，骨交节有一定的倾斜角度，强壮、灵活。骨骼结实有力，但是不显沉重。腿从肘部到地面的距离略大于肘部到马肩隆顶部的长度。

腰和背

收紧，倾斜，比胸腔窄，轻微收起。臀部以一定的角度从脊椎处下溜，但角度不陡，以免影响后腿向后的蹬力。

鼻镜

毛灰色、棕褐色或黑色哈士奇犬的鼻镜为黑色；古铜色哈士奇犬为肝色；纯白色哈士奇犬可能会有颜色鲜嫩的鼻镜。粉色条纹"雪鼻"是允许的。

肩部

肩胛骨向后收。从肩点到肘部，上臂有一个略微向后的角度，不能与地面垂直。肩部和胸腔间的肌肉和韧带发达。

后驱

站立时从后面看，后腿距离适中，两腿平行。大腿上半部肌肉发达，有力；膝关节充分弯曲；踝关节轮廓分明，距地的位置较低。

脸庞和头部

中等大小，与身体相协调。顶部稍圆，由最宽的地方到眼部逐渐变细。

被毛

双层被毛，中等长度，内层毛厚实、浓密、柔软，外层毛硬、直，服帖身体

胸部

深，强壮，不太宽，最深点位于肘的后面，并且与其水平。肋骨从脊椎向外充分扩张，但是侧面扁平，便于运动。

尾巴

类似狐狸尾巴，位于背线之下，立正时尾巴通常自然下垂。尾巴举起时不卷在身体任何一侧，也不平放在背上。

爪

椭圆形的脚，不长。爪子中等大小，紧密，脚趾和肉垫间有丰富的毛。肉垫紧密、厚实。当犬自然站立时，脚爪不能内外翻。

4个性魅力

热情友好 / 哈士奇犬作为中型犬的代表，虽然有"狼"一般的模样，但个性中充满了热情，对主人的热情、对家人的热情、对各种年龄段及不同身份人的热情、对同类的热情；同时，它能以温顺的表现友好地与周边的环境"和平相处"。

活泼宽容 / 哈士奇犬的活泼性格从小到大，都会给我们带来无限欢乐和满足。要是一只狗狗只会乖乖地伴随在身边，也会觉得乏味。哈士奇犬从来不缺少玩乐的心态，每天都会心花怒放；哈士奇犬古来就喜欢群居，所以它很少有嫉妒心，也不太计较"争宠"，对新的主人和朋友甚至同类，都会在最短时间内进行沟通并接纳。

自由畅快 / 哈士奇犬个性强、喜欢自由无拘无束，尤其是到了大自然中，自由的天性便完全释放出来，在广阔的天地中驰骋。它不喜欢唯唯诺诺地跟在我们身边，也不喜欢被牵引着到处闲逛，更不喜欢总是只走安排好的既定线路，它寻求的是放松畅快的感觉。

5时尚热度

五星级

四星级

三星级

UP

品牌支持度

哈士奇犬的成长离不开宠物品牌用品、消费场所和各样服务的全力支持。包括品牌主粮、营养调理用品、零食咬胶、玩具、美容护理用品、绳带项圈、家居箱笼。可光临宠物美容店、各样训练学校和宠物拍摄专业机构等。

UP

伴侣美誉度

哈士奇犬陪伴我们不像一个"玩具"，更像一个伙伴、一个朋友。作为以前的工作犬，现在已经不再承担体力劳动，虽然也会参加雪橇竞赛，但更多的时候是陪伴在我们身边。

UP

时间陪伴度

包括每日遛犬、运动、陪伴、定期洗澡和定期梳毛的时间。

UP

生活消费度

包括宠物用品消费、洗澡、护理消费、防疫健康消费、训练消费、托管消费和宠物拍摄消费等。

UP

幸福快乐度

无须多言……

UP

时尚平均温度

五星级！高!

HUSKY DOGS

第2章

哈士奇狗狗
爱吃是天性

合理食膳是养好哈士奇的重要一环

　　狗狗和狼一样，属于机会型食肉动物，它们并非慢条斯理地咀嚼或咬碎食物，而是采取整个吞咽的方式。

　　狗狗的食物要适合短消化道和特殊的肠胃系统。也就是说，狗狗的食品要符合个体特点，与人的体质补充食物的方式相差甚远。

　　最适合狗狗的食物是高蛋白、低碳水化合物，还有富含维生素的水果和蔬菜，但要少盐、少糖、少油和少脂肪。

　　爱吃是狗狗的天性，出生后每天的生活中，它们对寻求美食非常执著，并信奉："只要醒着就不让美味睡觉。"

　　当前，针对狗狗"吃"的问题，存在两大观点鲜明的阵营：一个以现成的宠物食品为主，另一个以自制烹调的食品为主，但到底哪种更加科学、营养和健康呢？

　　现成宠物食品符合快节奏生活需要，饲喂起来方便、快捷，营养平衡，易于狗狗吸收。自制烹调食品营养搭配余地大，烹制过程充满乐趣，还可以使你成为美食专家呢。

　　许多人认为，哈士奇是大型犬，又是寒带狗狗，为了适应环境，坚持高强度的劳作，应该非常能吃；同时，狼一般的外形也会给人一种好吃肉、多吃肉才健康的感觉。

其实，标准哈士奇是中型犬，体型并不庞大，近代到现代的驯化让哈士奇已经摆脱了雪橇犬的"角色"，变成了宠物犬，每日所消耗的能量和需要的热量也大幅度减少。虽然，模样上充满了"狼"的野性，但仔细看会发现，它已经多了一些温存和可爱，甚至一点顽皮。

在饮食上，哈士奇与其他同体型、同体重的狗狗相比食量要小一些，而且饮食结构也有区别。尽管这样，哈士奇对吃的兴趣很高，因为寻求食物、获取猎物、保持生存，是古来就形成的天性。只是它知道，不费吹灰之力就能得到食物，这种便利，靠等待就可以满足，而且学会乞求，还能得到更多的美食。

哈士奇的肠胃功能比较特殊，因此从幼犬期开始，就要对其精心调养，防止腹泻及其他的消化系统问题。

1 吃得适当

狗狗在不同的成长阶段，饮食存在差异。能吃什么？怎样吃得合适？该怎样吃？无论是现成的宠物食品，还是自制烹调的食品，都离不开肉！肉类是狗狗的最爱！

肉食固然美味，并不都适合哈士奇食用，而且食用过多会影响其健康成长。

肉类的组成包括动物肌肉、肌间脂肪、肌肉鞘膜、筋腱以及血管等。肉类主要提供蛋白质、铁及一些B族维生素，特别是烟酸、维生素B_1、维生素B_2和维生素B_{12}等。

猪、牛、羊、鸡和兔的瘦肉在水分和蛋白质的组成上相似，但脂肪的含量存在差异。水分含量在70%～76%；蛋白质含量在22%～25%；脂肪含量在2%～9%，家禽、牛肉和兔肉的脂肪含量为2%～5%，羊肉和猪肉的脂肪含量在7%～9%。

肉类副产品在营养成分含量上很相似，相对瘦肉含水分高、蛋白质低、脂肪含量有变化。

肉及肉类副产品中，蛋白质含量高，钙含量很低，钙、磷比例为1∶10～1∶20，缺乏维生素A和维生素D、碘。

对于常见的肉类品种，建议让狗狗食用经过特别加工的，如果是为狗狗自制食品，要注意营养搭配，杜绝让狗狗食用人的食品。

各种肉类多鲜美

优选肉类

鸡肉／蛋白质含量高，脂肪含量低，氨基酸种类多，易被消化和吸收。要注意给哈士奇食用的仅限于鸡胸肉和鸡大腿肉。

可选肉类

羊肉／蛋白质含量较高，尤其是含大量烟酸（维生素B_3），而单独进食热量虽然低，却容易将哈士奇喂馋，从而很难接受其他食品。

牛肉／热量高、蛋白质高、脂肪低，微量元素多，进食适量，适合成长期的哈士奇"增肥"，类似酱牛肉、酱牛蹄筋之类除外。

鸭肉／脂肪酸含量低，易于消化吸收，但鸭油过多，味道也较为浓重，不适合哈士奇食用。

慎选肉类

鸡肝等内脏类／富含蛋白质及维生素等营养素，铁、铜等矿物质，而维生素A会破坏钙的吸收。长期食用肝脏或内脏类，有的会添加胡萝卜等辅料，容易导致幼犬佝偻病、成犬骨软化症。主要原因是：体内钙磷比例应该近似$1:1$，而新鲜肝脏中的钙磷比例为$1:36$，钙少磷多不利于钙的吸收。另外，肝脏中维生素A、维生素D含量大，可能引起维生素A、D中毒。胡萝卜里的一个β-胡萝卜分子可以转变成两个维生素A分子，更易引起狗狗维生素A中毒。

香肠／狗狗对盐分的需求只有人的1/4，所以人们食用的香肠等熟食含盐分、香精、调味品、防腐剂等，不利于狗狗的健康。可选择宠物香肠作为零食，切记某些简易包装、三无标志的香肠应慎用！

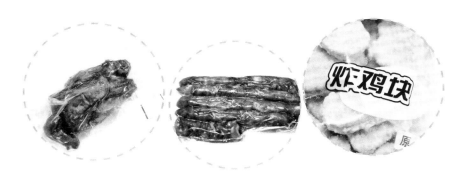

蛋白质分为动物性蛋白和植物性蛋白，来源于肉类、豆类、谷物等。由于蛋白质的基本物质是氨基酸，吃得适当会有助于蛋白质的吸收。当然，过量摄入蛋白质或蛋白质缺乏，都会影响狗狗身体的发育和成长。

适量的蛋白质可促进狗狗生长发育、细胞组织再生以及维持正常的新陈代谢，必要的脂肪酸可使哈士奇的皮毛富有光泽。

为哈士奇选择犬粮或其他食物，最好查看蛋白质的配比表，如果发现含有豆类等较难消化的组成成分，最好不要选择。

至于将肉类做熟后直接饲喂哈士奇，会很难及时消化，加重消化负担，造成消化问题。如果只饲喂哈士奇肉类或鱼肉等，易引发全肉症候群的出血性肠炎，后果将很严重。

最好选择适合中大型犬食用的幼犬和成犬的专业犬粮。一方面，营养均衡，且适合中大型犬发育；另一方面，适口性也比较好，狗狗会喜欢吃。

脂肪是狗狗体内能量的来源，剩余部分以皮下脂肪形式存储起来，具有保护内脏，促进脑神经生长的作用。脂肪不仅来源于肉类，各种食用油、小麦、玉米中也有脂肪。

蔬菜类

米饭

　　脂肪的摄取对哈士奇非常重要，查看营养配比表，可以选取脂肪含量稍高一些；但如果哈士奇体内脂肪过多，也会引起内层毛的稀少或脱落。这是哈士奇通过皮毛调节身体散热、抗旱的一种天生本领。

　　碳水化合物主要是谷类和蔬菜，包括糖分和纤维质，既可维持狗狗的体温，又可供给其日常所需的热量，还可保证其消化系统的正常功能。

　　当狗狗日常热量不足时，会通过脂肪转化来进行补充，所以要保持一定碳水化合物的吸收，避免狗狗消瘦。碳水化合物还可以帮助狗狗肠道的正常蠕动，有了营养均衡的食物，促使其肌肉强壮，骨骼健康，皮毛光滑。

　　哈士奇使用专业犬粮，内含优质谷类（大麦、糙米、燕麦等）为好；优质蔬菜取代脱水蔬菜，会保证碳水化合物的质量更高。

维生素是必不可少的营养元素，对蛋白质、脂肪、碳水化合物的功效发挥很重要；一般源于水果、蔬菜中，配合适量肉类会让营养更均衡。

专业犬粮中会有更加适合哈士奇吸收的维生素等添加剂，避免了直接食用水果、蔬菜的操作不便，而且水果、蔬菜中植物纤维会加大哈士奇的排便量，增加体味。

无机物包括钙、镁、磷、钾、铁、锌、锰、硒、碘等，要避免缺钙、缺磷导致的佝偻病和骨软化症；骨骼和心肌的保障依靠于硒，主要是对哈士奇体内机能的正常运转起调节作用。

毫无疑问，日常食用一些营养品对狗狗健康有益。营养品在其幼年、成年、老年，病患康复期、妊娠期，或者要提高体质、免疫能力，使体貌更加完美时，都会起到一定的作用。

饮用水非常重要。哈士奇全天都要保持足量、干净而新鲜的饮水，每日身体基本代谢的水分是每公斤体重60毫升；如果狗狗身体缺水量达到10%~15%会导致生命危险；家中哈士奇的水具最好是能补水的，一般的水

盆较小，一旦打翻狗狗就要被渴一天。如果水盆成了狗狗的玩具，就一定要注意，因为被污染的水对狗狗很不利。

　　人和哈士奇在选择食物上由于肌体不同，对蛋白质、脂肪、碳水化合物等营养素的需求量当然也不同。哈士奇并不是我们身边清理残羹剩饭的垃圾桶，也不是我们随意兴趣组合食品的试用者，我们饲喂的食物，关系到它们的身体素质和寿命长短。如何让它们更有活力地保持最佳状态，远离发病威胁是我们的责任，更是对我们每一个养宠人的"考验"。

2 吃的搭配

　　商业性犬粮为营养全价均衡食物（简称宠物干粮），呈颗粒状，水分含量低（通常在6%~10%），可作为哈士奇的主要供给食物，具有营养成分均衡、易消化、耐保存、经济实惠的优点。

　　选择宠物干粮的标准：第一，高品质蛋白质的成分及含量。第二，严禁任何含有肉类或者禽类的副产品的饲料。第三，严禁未被认可的蛋白质和油脂。第四，全谷或全蔬菜较好，不含残渣。第五，不含任何人工色素、香料、防腐剂、甜味剂等。第六，有机饲料最好。

　　同样都是宠物干粮，但价格悬殊，主要有以下几个原因：

　　大品牌和小品牌的区别：大品牌较小品牌在研发、生产专业化、宣传、推广、渠道等方面都会更加投入；小品牌的销量制约着其生产，往往会走低价路线。

　　商业粮和天然粮的区别：在国外天然粮的普及率要比国内高很多，主要是原料来源的差异，天然粮更加符合安全、天然、无或少防腐剂等，加之多为进口，成本自然要高。

　　进口和国产的区别：由于收取进口税，全包装进口比整罐进口国内分装的要贵，国产自有品牌具有价格优势。

　　原材料好和原材料普通的区别：宠物食品安全也需要有良好的原材料保障，使用低劣的原材料，无论加工工艺多高级，也生产不出高品质的产品。

　　市场占有率高和市场占有率低的区别：市场占有率越高，有时促销的力度也就越大，即使不是价格上的优惠，也会通过丰富多彩的活动赠送超值的产品。

　　不同配方的区别：全犬种、幼成不分、犬型不分的犬粮相比针对性强、有特别功效的犬粮要价格实惠。

　　不同销售渠道的区别：经营/管理成本越高，销售的价格也就越高。网

宠物主粮——成犬粮　　　　　　　　宠物主粮——幼犬粮

络、实体宠物店、宠物批发市场、集贸市场的销售摊点在销售价格上都会有所差异。

不同包装的区别：大包装必然要比小包装经济划算。要根据宠物情况而定，但无论多大包装开封后都最好在40天内食用完。

记住：只选对的，不选贵的是恒定的法则。

如果能做出营养全面的食物饲喂哈士奇，不仅费时、费力，也不省钱，而且自制食物的营养不够稳定，很难达到科学饲养的基本要求。

哈士奇从幼年期到成年期，可以为其选取同一品牌不同的犬粮，也可以选取不同品牌不同的犬粮，只是更换犬粮频率不宜过快，这样会让哈士奇比较挑食。每一种犬粮食用三个月或半年以上再进行逐步更换较好，不要一次全部更换，这样容易造成哈士奇消化系统的不适应。

对不同年龄阶段的哈士奇要有针对性地选择犬粮，不要用幼犬粮饲喂成年犬。如果没有老年犬粮，可以适当选择幼犬粮并适当搭配老年犬所需营养饲喂。

保持宠物干粮干脆、适口对哈士奇长期食用非常关键，可从咀嚼中锻炼牙力与颚骨，还可顺便清理牙结石、止痒。犬粮可以放置在专用干燥凉爽密封箱中保存，若发霉、变质、储存不当，必须立刻丢掉，被哈士奇误食后会引起各种肠道及相应疾病。

软包装宠物食物、罐头包装宠物食物（简称宠物湿粮）都含有一定水分（通常高达78%以上），品种丰富，卫生有保证（经高温高压灭菌消毒），营养不易流失，口味多样，完全可以摆脱狗狗饮食的单调乏味，避免营养不均，又比自制烹调食品节约时间。

为哈士奇使用宠物湿粮时，最好先控制投喂量，从小包装开始，观察狗狗粪便的变化，因为宠物湿粮会含有更多的肉类和添加剂，可能会对其肠道有所影响。如果哈士奇能适应，可以适度地增加；如果出现腹泻或其他情况，则应立刻停止使用或更换其他品牌的产品。

将宠物湿粮和宠物主粮拌在一起时，哈士奇会先挑出成块的吃，有时会拒绝再吃宠物主粮，脾气不好的哈士奇甚至打翻食盆，表示只想要宠物湿粮。面对这样的情况，必须及时制止，而不是继续投喂宠物湿粮。

对于中大型犬来说，牙齿和牙龈的健康更加重要。幼犬时若饮食习惯不科学，过量食用宠物湿粮，会易于滋生口腔疾病。导致中年以后，甚至刚到两三岁，就出现牙结石、炎症、牙齿早衰、口气污浊或者口腔溃疡等，严重影响狗狗正常饮食。所以，软包装食品需要"适可而止"地选取。

宠物湿粮和人的剩菜、剩饭或专门为爱宠烹制的食物，容易造成既然哈士奇都很喜欢吃，效果都一样的感觉。需要提示的是：人的剩菜、剩饭绝对不能拌到犬粮中饲喂哈士奇。专门为爱宠烹制的食物要遵循营养、搭配，低热量、低脂肪、低油脂、低盐、低添加剂的原则。至于宠物湿粮，即使哈士奇再喜欢和着宠物主粮一起吃，也要以宠物主粮为主，宠物主粮和宠物湿粮的比例最高是4：1。

宠物湿粮会增强哈士奇的食欲。对哈士奇而言，若选用包装较大的罐头，最好一两天内吃完。可放置在冰箱的冷藏室中，用保鲜膜封好，食用时取出在微波炉中微热十几秒即可。

宠物湿粮

　　如果哈士奇日常饮食都必须掺有宠物湿粮，那么加上宠物干粮的消费，会是一笔不小的支出。因此选择高品质的宠物干粮，适度饲喂宠物湿粮会更加经济和健康。

　　还有一种特殊的粮就是处方粮，这类食品并非是药物和食物的简单混合，而是具有食疗作用的食品。

　　由于处方粮的特殊配方，对例如心脏疾病、皮肤疾病、关节护理、肝脏疾病、消化系统紊乱、绝育、肥胖、泌尿系统疾病、肾脏疾病、糖尿病等，都有一定的辅助康复作用，可最大限度发挥药效。在配合治疗、减少病患痛苦、降低毒副作用、改善病状和缩短病程等方面，处方粮都可起到积极作用。

　　处方粮的针对性较强，具有一定的功能性，务必在动物医院医师的指导下饲喂哈士奇。处方粮不会吃一两次就产生效力，但在控制或缓解病症、延迟病情发展方面，具有独特效果。所以处方粮虽然价格较贵，也需要根据实际情况，有的放矢地让狗狗食用。

特别提醒

无论是购买宠物干粮还是湿粮时都要注意最佳使用期限。宠物干粮和湿粮闻起来应该新鲜而无异味，如果有刺鼻的香精味道要谨慎购买。

价格过于低廉的宠物干粮或湿粮有可能是采用边角料副产品、4D动物（意思是Dead 已死的、Dying 濒死的、Diseased 罹病的、Disabled 残障的）产品作为原材料，要尽量避免狗狗食用。

3 吃的多少

家里备一个宠物
主粮筒，存粮又
便于计算食量

　　哈士奇的个头不小，但食量并不是太大。我们总认为应该把它喂得肌肉发达、更强壮，但喂多了，它很容易腹泻或肠胃不适；喂少了，又怕影响其发育和健康。其实，最科学的考"量"办法就是以多少"克"为计，要少食多餐。

　　树立正确科学的饲喂方法，了解不同年龄、运动量、环境、季节、妊娠、哺乳、生病等因素对哈士奇造成的差异，定时、定点和定量，保营养、保健康和保均衡。

　　增减喂食量或更换宠物干粮、湿粮时不宜过于突然。对于体质敏感的哈士奇来说，每次改变或更换不能超过原来定量和食物的1/10。

　　各年龄阶段的每日饲喂次数：2个月龄4~5次；3~5个月龄 3~4次；6~12个月龄3次。要想知道狗狗的食量，开始可以多放些，如果吃剩一些，算出大概吃掉80%，也就是说"八分饱"较为合适。幼犬时期，若暴饮暴食，会出现腹泻、呕吐的胃肠道反应，严重时会危及生命；1岁以上成年犬以2次为宜。

在哈士奇幼年阶段，一般饲喂次数都有保障，但到了成年以后，或者因为主人生活、工作时间的紧张，会减少遛犬次数，而且一般都只喂一次了。经过多年的研究发现，如果每日只喂狗狗一次，其血糖值变化幅度极大，如果每日喂两次，血糖值则趋于稳定。尤其在冬春两季，饲喂两次也可以最大限度地帮哈士奇积蓄能量。哈士奇只被饲喂一次，将忍受更长时间的饥饿，有的会变得焦躁不安，乱发脾气，等到了"饭点"，定会快速吞食，导致胃扩张。

老龄哈士奇的消化系统逐步衰退，最好选择优质的老龄犬粮，易咀嚼、易吸收，含有更多的蛋白质、维生素、钙及抗衰老成分；日常少食多餐，控制盐分添加，补充足够饮水；少量饲喂蔬菜、水果，防止便秘发生。

狗狗吃饭的地点相对固定，切勿和人的食品、食具放置在一起。

狗狗24小时不进食，或食量突然减少，可能是生病的预兆，应尽早就医。

家中若饲养多只狗狗，最好分开饲喂，每天都要观察狗狗的进食量，食具、水具最好相应分开。

要从小就养成哈士奇良好的饮食习惯。有的时候可能和做游戏一样，一会儿吃点，一会儿吃点，不对胃口了，便干脆把食盆打翻，或者只选择喜欢吃的部分。哈士奇活跃而好动，如果不能一口气将食物全部吃完，30分钟后，要及时取走食具。

一旦哈士奇出现软便或腹泻情况，应24小时内停食观察，如果情况不见缓解，必须及时就医，切不可自行为其服用人药止泻。

什么时间饲喂狗狗？最好选择遛犬回来，狗狗已经"便便"完，梳理皮毛后，而且饲喂时间应相对固定。

备个粮铲吧，方便取粮

4 吃的营养

微量元素（营养补充液）

人在不同时期会需要各种营养制品的调节和补充，狗狗也一样。一般而言，蛋白质应占50%，碳水化合物占40%，脂肪占10%左右，还有不可或缺的维生素和矿物质等。狗狗每日都需要从食物中吸收22种元素，这一点非常重要。

尤其是长期食用非专业犬粮的狗狗、断乳的幼犬、老年犬、肠胃敏感并处于肌体免疫力低下的狗狗、赛犬等也需要随时补充各种营养物质。

当前，宠物营养品可谓琳琅满目、款式多样、种类丰富，真有些"乱花渐欲迷人眼"的感觉。尽管如此，部分养宠人的消费观念还停留在将宠物营养品与人用营养品混为一谈的误区。把人的营养品饲喂给狗狗，非但起不到作用，反而由于人和狗狗体型大小、肠胃功能、吸收效果的差异而适得其反。

许多宠物营养品的包装和名称都很相似，挑选时最好根据狗狗的年龄、体质、功能需要，由专业人士或宠物医师、营养师来推荐。目前，市场上尤其是功能相似的品种繁多，价格差异也很大，不少来自正规渠道、非正规渠道的产品混在一起，难以区别。因此，必须察看宠物营养品的外包装，明确商品名称、组成成分、批号、生产日期、使用说明、保质期等。

宠物营养品最好在常温下存放，食用期不宜过长，发现胀袋、变色、变味等情况，千万不要吝惜，要尽早处理掉。

同时，并非宠物营养品越贵越好，要注重效果、注重安全、注重品质，过多营养品的摄入也会带来一定的健康隐患。

维生素及微量元素

定期主动为哈士奇幼犬补充维生素和微量元素是必要的，幼犬在成长过程中需要足够的维生素和矿物质；在怀孕期、授乳期以及生病后的复原期也有必要另加补充。

哈士奇幼犬所需的大多数维生素都必须从食物中获得，除维生素C和K外，都不能在体内合成。哈士

复方维生素片

奇至少应有13种维生素的保障，才不会出现疾病或生理障碍。

微量元素在哈士奇幼犬体内比重不大，但对整个机体生命活动的作用却至关重要。因为有了和动物体内的酶、激素、维生素及其他多种生物活性物质交换作用，才能进行一系列代谢过程、促进生长发育、生殖机能健全，保证生产性、维持机体的疾病抵抗能力。微量元素的不均衡或缺失也是犬只疾病和死亡的诱因。

主要营养成分包括：维生素A、维生素D_3、维生素E、维生素K_3、维生素B_1、维生素B_2、维生素B_6、维生素B_{12}、叶酸、生物素、泛酸钙、牛磺酸、烟酰胺、酒石酸氢胆碱、VC颗粒、甘氨酸、天冬氨酸、脯氨酸、丝氨酸、赖氨酸、蛋氨酸、半胱氨酸、苏氨酸、卵磷脂、生物碳酸钙、磷酸氢钙、钾、镁、铁、铜、锌、锰、低聚果糖、低聚异麦芽糖、木聚糖酶、甘露聚糖酶、半乳糖苷酶、葡聚糖酶、果胶酶、山楂提取物、麦芽粉、神曲粉、蛋白酶、脂肪酶、淀粉酶、糖化酶、微晶纤维素、交联羧甲基纤维素钠、二氧化硅、硬脂酸镁、肝粉。

专业化的配方、先进的生产工艺流程、全封闭净化和自动化生产，会让哈士奇幼犬的成长有更多保障，特别添加益生元配方，有益于幼犬的肠胃健康和正常发育。

深海鱼油

深海鱼油，富含Ω3的不饱和脂肪酸，包括DHA和EPA，可降低胆固醇和血液稠度，促进血液循环、消除疲劳。主要营养物质包括：维生素A、硫胺（维生素B_1）、核黄素（维生素B_2）、烟酸（维生素B_3）、泛酸（维生素B_5）、维生素B_6、钴胺酸（维生素B_{12}、）维生素C、维生素D和维生素E。

海藻（美毛）营养粉

以天然褐藻、绿藻等多种海藻为原料，富含几十种微量矿物质，能够改善哈士奇免疫系统和荷尔蒙激素系统。改善毛色，有助于保持其鼻头颜色，也有助于修复受损组织，对受损皮肤的康复、预防皮肤病都有一定的辅助功效。

钙质

钙磷是维持哈士奇幼犬生活及骨骼增长发育的必要元素。含有适量的钙磷、维生素D_3、乳酸菌，可调节钙磷吸收。添加爱宠特殊口味的补钙产品，会使适口性更佳。

幼犬补钙的作用：① 强壮骨骼，助长齿牙形成，预防软骨症；② 防止发育不良，毛质不良；③ 帮助钙磷消化吸收，补充钙磷，改善体质。要特别注意换牙期间的补钙状况，若补钙过多，出现双排牙也很麻烦；若补钙不够，明显会感觉迅速成长的哈士奇幼犬无力、乏力。

哺乳期的哈士奇母犬需要补钙。补钙和简单地饲喂钙片不是一回事，补钙需要选取易吸收的钙质产品。根据哈士奇体型、年龄的不同补充不同的剂量。一般情况下，生长期对钙的需求量为0.36克/每千克体重/每日。

哈士奇作为中型犬，成年以后对钙质的需求量不是很大，但也应不定期地适量补充。日常饮食中若经常摄取肉食或动物内脏，也需要补钙，因为积存在这些食物中的维生素A会抑制钙的吸收。

缺钙的表现：
- 四肢变形，腿部呈X型或O型，严重缺钙造成骨质疏松、骨折和佝偻病。
- 脚趾分开，腿部落地不稳，关节处有变形迹象。
- 有流口水的情况。
- 不喜欢运动，跑动不积极。
- 换牙期缺钙造成恒齿生长缓慢，釉质层薄，双排牙或牙齿咬合不好。

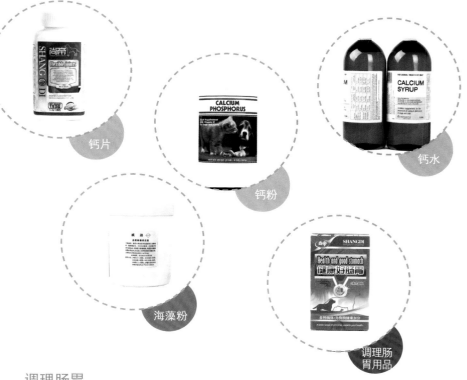

钙片

钙粉

钙水

海藻粉

调理肠胃用品

调理肠胃

针对以下病症：腹泻；炎性肠道疾病（IBD），消化不良、吸收障碍，结肠炎、细菌生长过度、胰腺分泌功能不全（EPI），康复期可以选取宠物肠道处方粮。

对肠胃敏感的哈士奇，可有效避免肠道炎症、修复胃黏膜、胃肠积滞、食欲不振等症状，改善食物变换期间的不适应。

通过含有超强活力的双歧杆菌、乳酸杆菌、粪链球菌及促进有益菌生长的营养物质调整和维持哈士奇肠道菌群平衡，对肠炎、腹泻、食欲不振、消化不良、免疫力弱等疾病有良好的治疗作用。

通过调理肠胃，对宠物排泄物可降低恶臭，改善饲料环境；对宠物手术后的恢复期和抗生素治疗后的调整期均可迅速改善肠道功能、提高免疫力，有利于宠物发育成长；对老年宠物可提高消化吸收能力，增强健康水平。

补充营养品，最好在专业人士或动物医院专业医师的指导下，根据具体情况配备。要了解各种营养品的功能，做到只选对的不选贵的。

别忘了，优质的宠物主粮＋适当的营养品比起他日花在宠物疾病治疗上的费用还是经济而划算的。

5 吃的健康

　　一只健康的哈士奇不仅精力充沛、活力四射，而且皮毛光亮、英武洒脱。要保持哈士奇的健康主要是合理的营养、科学的养护管理。

　　犬粮中适量的盐对于调整适口性有一定的作用。如果每日哈士奇盐的摄入量过多，会造成皮肤问题、内分泌紊乱、脂肪酸补充少。狗狗的皮肤不能将盐分排出，因此每日食盐要适中。

　　定期对哈士奇的食盆、水具进行消毒，避免传播疾病。训练哈士奇不随地捡食，不吃陌生人给予的食物。

　　哈士奇的食盆、水具最好分开，即使是幼犬时也最好不要选择连体的。食盆随着狗狗的食量增加，可以逐步更换大的，最好安有防滑垫，使其不至于被轻易移动。

　　塑料食盆和水具尽管价格低廉，但往往会被幼犬当成玩具而咬坏。成犬也会对其耍来耍去，所以金属盆更加适合哈士奇。市场上的金属盆以不锈钢盆为主，要选择较浅的、较大的给哈士奇。

　　建议为哈士奇选择能够补水、带过滤功能、容量较大的水具作为饮水器。一般的大号敞开式水盆时间长了，水质很容易被污染，到了夏天，水盆的水也不一定够用。

　　若同时饲养多只狗狗，就要多准备食盆和水具，各自一套为好。一方面避免争抢，另一方面保证每日定量饲喂狗狗。

　　主人应尽量避免让狗狗在室外进食，以保持狗狗良好的卫生习惯和饮食习惯。

　　认真查看新购食品的有效期和保质期，要使过期食物远离狗狗。

　　不要用猫粮喂狗狗，由于专效的差异，会影响狗狗的营养结构。

食盆、水具要定期消毒

注意食品保质期

↘ (1) 危害健康的食物

饮料类	咖啡、甜味饮料和带气饮料。
蔬菜类	洋葱、葱、姜、蒜等，由此连带的汉堡包、咖喱和酱汤都要禁食。
水果类	李子、苹果、香蕉、柿子、葡萄及高糖分的一切水果。
甜点类	巧克力、糖果、蛋糕、冰激凌及一切甜点都会造成狗狗肥胖、阻碍钙质吸收、易患龋齿。尤其是含有可可碱的巧克力，危险性很高。
海鲜类	章鱼、墨斗鱼、贝类等全部海产品难以消化。
骨头类	鱼骨、肉骨，不会为哈士奇补充钙质，还会引起呕吐、腹泻、便秘等。 鸡骨容易划破狗狗消化系统造成出血，即使是猪或牛骨也少食为宜。

调料类	辛辣食物会加重狗狗肾脏、肝脏负担，导致狗狗嗅觉迟钝。
熟食类	火腿肠及一切腌制食品。
奶类	牛奶营养价值高，但乳糖不易被狗狗吸收，可能引起腹泻、脱水、皮肤发炎等现象，喂食宠物专业奶粉为好。
蘑菇类	不食为好，以防狗狗误食毒蘑。
内脏类	鸡肝以及其他肝脏类。
人吃饭菜	含盐量高，还有油脂、辛味料，对狗狗产生刺激。
生冷类	生鸡蛋、生肉等，不仅含有病菌或者寄生虫，有效成分也不易被吸收。
其他食品	年糕、紫菜都是超黏食物，对于狗狗吞咽式进食容易引起窒息；竹笋、豆类高纤维食物会引起狗狗消化不良。

(2) 贪食的问题

哈士奇不会记得自己究竟吃了多少，但贪食的后果相比其他狗狗来说则更加严重。

以下狗狗食欲旺盛属于正常情况：发育过程中的幼犬，运动量较大，补充自身肌体消耗的能量；怀孕及哺乳期的狗妈妈，宠物干粮太易消化产生饥饿感；正在减肥中的狗狗……

以下狗狗属贪食的非正常原因：进食到呕吐还继续进食，肠道寄生虫病，饮食和吞咽的不适，肠胃功能异常、肾上腺和胰腺异常（包括糖尿病），因饮食不节制导致肥胖症（原发性贪食症），药物刺激、美味刺激等。

无论如何，遇到哈士奇贪食的问题，都不能理解成"狗狗喜欢吃的一定是它们所需要的"。一方面，狗狗还留存着吃得快、吃得多就能生存下去的野性表现；另一方面，最好咨询专业人士或带狗狗到正规的动物医院进行检查。

控制狗狗进食的速度，可以将一餐食物分多次饲喂，也可以加入少许狗狗不太爱吃的犬粮，防止狗狗狼吞虎咽。

当我们不在家的时候，最好限定哈士奇的活动区域。尤其是要清理它们可以接触到的食物，一律"束之高阁"。及时倾倒垃圾桶，经常变换存放食物的地点（尤其是宠物爱吃的零食），避免被它们翻出来而一气"消灭"！

(3) 偏食的问题

具有"完整且均衡"营养的宠物食品，得不到有些哈士奇的"赏识"，却对某一类"特殊"食品"流连忘返"，这就是"偏食"现象。

"偏食"情况和病理因素不同，如果是疾病引起的偏食，与日常生活的规律差异不仅表现在饮食上，还会伴有身体的异常反应，体温升高、痛苦呻吟、精神不振等，都要及时就医。

"偏食"日积月累，尤其是食肉过多，会患上全肉症候群的疾病、口腔疾病、皮肤病、骨质病变、内脏器官病症等。另外，盐分过高、食用人的剩菜剩饭，由此极易导致"偏食"，缩短狗狗寿命，严重影响狗狗健康。

出现"偏食"的征兆，大多数情况和随意饲喂，我们的"忍耐性"不够坚定，以及我们的餐桌上食物过于丰富有关。哈士奇如果对酱牛肉、大猪蹄、烤鸭之类情有独钟，恐怕离拒绝宠物主粮那一天也就不远了。

★偏食的原因

嗅觉／狗狗嗅觉是人的6～60倍，对食物的判断是靠嗅觉的，闻上去很单一、不新鲜，有奇怪气味的不喜欢，当然不吃。哈士奇对闻上去较新奇、味道浓重、有一定刺激性的食物会更加感兴趣。

味道／哈士奇对肉类的分辨能力很强，能够记忆许多种味道，经过比较，它们认为不好吃的，当然不吃。

适口／口感／哈士奇咀嚼过程中对食物的口感存在好恶，不适口的，当然不吃。宠物干粮会被制作成各式各样的小颗粒，如果颗粒过小或过大，不同年龄的哈士奇也会出现不适应、不习惯的情况。

饮食经常调整／狗狗饮食不稳定，若总是更换，狗狗便很容易专吃"荤"不吃"素"了。遇到一种有诱惑力的食物，哈士奇的偏食就在所难免。

★偏食的纠正

转变对哈士奇的溺爱／不能由着哈士奇的性子，一味地选择它们爱吃的食品，甚至于将食物放在手中捧喂。

适当的饥饿／可以减少进食次数，使其有一定的饥饿感。在保证饮水的情况下，断食1~2天会让哈士奇正常进食。

加热食物 / 对食品进行轻微加热，使其温度接近狗狗的体温。

添加食物 / 仅仅是象征性地在食物中添加极少许狗狗喜欢吃的食物，并不要连续每次都这样做。

定时定量 / 按时饲喂哈士奇固定量的食物，若进食不顺利，半小时后取走食物。

少喂零食 / 尽量在纠偏期间不喂零食。

规律饲喂 / 偏食纠偏期间不轻易改变饲喂的食物，不更换食物的种类。

号召全体家庭成员，为了纠偏狗狗的偏食，统一认识和行动。

坚持十天以上，绝对不要因为哈士奇楚楚可怜的眼神而"投降"！

出现偏食问题的哈士奇，很懂得怎么逃避家人对自己的"管控"，也能够判断出家庭成员中哪个能作为讨来"美食"的突破点。尤其是有长辈或者是客人很多的家庭，往往由于时间的穿插，或者是碍于外人投递食物不好当面指出，哈士奇都会抓到"可乘之机"，这样平时纠偏偏食的努力，一下子就会功亏一篑了。

同时，避免由于纠偏过程对哈士奇进行食物的刺激，特别是我们的一日三餐，吃水果、零食，甚至一切食物时，或者放置购买回来的食物时，最好避免哈士奇在身边张望和等待，将其限定在看不到这些事情的区域或房间中，能够最大限度地减少它的渴望和焦躁的情绪。

﹨ (4) 禁食的问题

疾病会导致哈士奇食欲不振，但如果精力充沛、排便正常、体温正常，也无咳嗽、流鼻涕的情况，可以先停食，切不可私自喂食人药。

哈士奇比较容易对相同食物产生厌倦，而采取"禁食"进行抵制。若我们就此不断更换食物并乐在其中，再想改变其习惯便非常困难，因此要做好坚决的"对策"！

要将挑食的哈士奇和生病的哈士奇进行区分有一定难度，因为狗狗都有自己喜欢吃和不喜欢吃的东西，食欲不好，或者拒绝某些食物的原因比较复杂。有些营养品加入食物中，狗狗会拒绝进食。有些食物品质高、营养好、对狗狗的身体有益，但适口性差，狗狗可能不喜欢，便"闻了就走"。相比更加天然、添加剂少、诱味剂少的食物，狗狗会选择味道重、浓、有一定刺激的去吃。所以说，并非狗狗禁食就认定其生病了，要分析

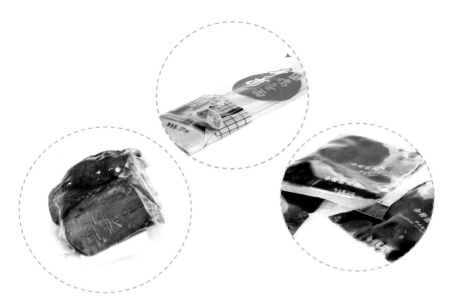

禁食或拒食的原因。如果超过24小时，狗狗仍无进食欲望，则应根据当时具体情况，联系动物医院和专业人士。

(5) 微量元素不均衡

由于食物摄取的差异，尤其是自制烹调食物给狗狗带来的微量元素严重不均衡（微量元素为铜、铁、锌、锰、硒、镁等），不仅威胁到它们的身体健康，更影响到它们的寿命。

自制烹调宠物食品的常见方法：使用米饭、面条、馒头、玉米面作为主食。混合调料、肉类、骨头、蔬菜，或者加入少量动物内脏等。

类似以上制作出的食品，如果狗狗长期使用，首先易造成无机物如钾、磷、锌、铁、锰的缺乏，钙磷比不合理，有些维生素类缺乏，有些维生素类（例如维生素D_3）超标；同时对消化系统、骨质发育及对钙的吸收会产生不良影响，贫血、脂肪代谢不力的概率增大。

没有科学指导、自制烹调食物长期饲喂哈士奇，还会带来许多健康隐患：健康总体综合指数下降；肥胖；体质下降；眼部疾病；牙结石；口臭；腰椎疾病；心脏病和糖尿病等慢性病。

(6) 补钙的问题

钙离子对许多酶可起到重要激活剂的作用，补钙也是狗狗生理过程中必需的。

液体钙　　　　　　　强力综合高钙片

如果哈士奇经常食用动物肝脏或者肉食，体内会积存大量维生素A，抑制钙的吸收，所以不仅要调整饮食习惯，还要及时补充钙质。

孕期的哈士奇，可以采取产后10天开始补钙。如果情况严重，可以到动物医院采取静脉补钙，以缓解狗妈妈缺钙的状况。

老年哈士奇骨质疏松、骨折、骨刺的概率很大，除了多晒太阳外，补充容易吸收的钙质非常重要。

宠物专业钙产品有粉剂、片剂和液体等。

粉剂一般添加到食物中，混合后进食。但有的哈士奇比较敏感，连平时喜欢的食物都不吃了，此时可以选用小勺将粉剂倒入狗狗嘴里，然后闭合嘴巴待粉剂咽下。

主人若没有经验，让它服用片剂会有些困难。可先掰开狗狗下腭，然后用手指将钙片塞入舌根，用手轻轻捏住其嘴巴，捋捋喉部使其吞咽下去。

液体钙的饲喂比较简单，吸收也更便利，注意适量即可。

牛奶补钙／牛奶中的乳糖会造成狗狗肠胃不适，有可能出现腹泻等情况。

人钙品补钙／这里涉及体质和肠胃吸收的差异，一片足以给人补钙的计量对于哈士奇而言就过量了。

除了药品补钙和"食补"，还需要经常带哈士奇在阳光下运动，增进狗狗对钙质的吸收。

由于担心哈士奇缺钙而从小就为其大量补钙，尽管大量多余钙质都会排出体外，但也会加大其身体负担。还会出现以下严重后果：① 增加泌尿结石的概率；② 软骨过早钙化，制约大脑发育，身高受到限制；③ 骨质变脆，易发生骨折；④ 影响肠道对其他营养物质的吸收，免疫力下降、厌食、生长缓慢、贫血、疲劳；⑤ 血钙浓度高，沉淀于内脏和组织中，引起器官炎症。

发现补钙过量，应马上停止。一旦骨骼钙化，则难以消除。所以，补钙要适量，并与食补结合。

6 四季的饮食健康

冬去春来，哈士奇的活动量加大，食欲增加不少，这时正是提高体质和免疫力的好时候，应选取易消化、易吸收的食物。

肉类的选取最好是经过宠物专业加工的，自制的肉类，尤其是羊肉、牛肉尽量少饲喂。使其进食要八分饱，以减小肠胃负担。

赶上节假日，人们的餐桌上必然多了很多美食，哈士奇也想伺机捞取"牙祭"，因此看好我们的餐桌，不让其"趁火打劫"。

可以选择一些调理肠胃和体质的营养品，适量地进行补充，并多晒太阳。有条件的可以带哈士奇到郊外让其多呼吸新鲜空气，享受大自然的美好春光。

交配期、妊娠期的哈士奇，容易食欲不振、精神萎靡，可做一些容易消化的食物，配合宠物干粮一起饲喂，以调剂其口味。

﹂(2) 夏季

哈士奇的双层皮毛，既可耐寒，也可抵挡紫外线和阳光。夏季，某些地区的哈士奇会严重脱毛，这是自我调整身体温度的办法。

生理的变化也会带来精神、食欲的变化。这时，除了保证全天饮水外，还要适当调整室内温度，但不要过低。

哈士奇要少食多餐，可以选择口味好、适口性强的宠物主粮。容易引起上火的肉类，或者是容易造成消化负担的食物，尽量让狗狗少食或不食。

宠物零食以干燥、含水量低、带封口小包装的进行选购。宠物咬胶最好一次食用，时间长易霉变或变质。

宠物湿粮开封后要在冰箱冷藏室中存放，食用时用微波炉加热十几秒，可增强食物口感和味道。

夏季，冰棍、冰激凌、冰镇饮料等都不要饲喂给哈士奇，哪怕是一点点，都不要破了"规矩"。

若哈士奇出现腹泻和肠炎，切勿私自喂药，先停食12小时进行观察，症状仍然严重或者出现发烧、气喘、呕吐、精神萎靡则须立刻就医。

尽量保持哈士奇的生活规律、饮食规律，不要因为忙碌及工作，让哈士奇饱一顿饿一顿。

进入秋季，气温并未一下子转凉，但哈士奇的新陈代谢速度加快，食欲大增，开始积极储备能量，准备过冬。此时，需要营养物质的补充。换毛后，长出的新毛也依赖于精心的食物调理。

秋季许多母犬发情，哈士奇感觉有发情的母犬存在，更是不想回家，体能消耗也会很大。

哈士奇在外溜达的时间长了，会经常徘徊在草丛和灌木丛中，极易导致皮肤健康问题，摄取适量美毛营养、维生素、无机物，可改善哈士奇的皮毛质量，提高机体免疫力。

秋季经常会有阴雨或温度起伏，带哈士奇外出遇到变天，最好及时遮风避雨，避免感冒及呼吸系统疾病。一旦出现健康问题，恢复期更要注意饮食调养。

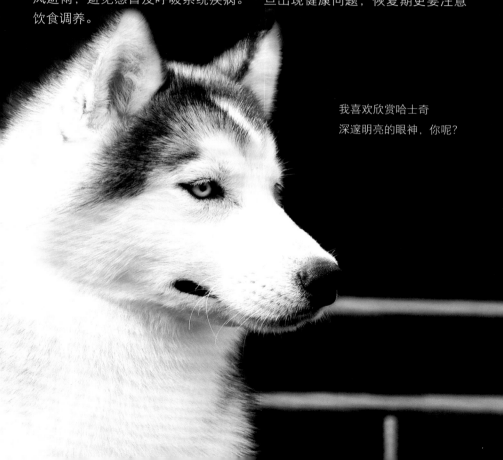

我喜欢欣赏哈士奇
深邃明亮的眼神，你呢？

↘ (4) 冬季

冬季里的哈士奇，快活而兴奋。但在温暖的家中，它会感觉不到季节的变换。

人们很难适应环境的寒冷，也不愿意在外陪着哈士奇，运动量的减少会使哈士奇的体能得不到释放。我们要尊重哈士奇的天性，尽量给予它们更多在户外运动的机会，有些游戏及运动，也会使人的身心更加舒畅；再适当补充蛋白和脂肪等高热量食物，哈士奇的身体才能更加强壮。

哈士奇在冬季被毛会呈现出一年中最好的状态，应注意调整好室内的温度和湿度。哈士奇的活动与生活区的温度适宜在20℃以内，湿度保持在40%左右，加之适当饮食的调理，哈士奇会在冬季更加漂亮和帅气。

7 吃的美味

　　狗狗很难抵御美味的诱惑。市场上狗狗的零食可谓丰富多彩、花样繁多，我们给狗狗准备食品前，不仅要考虑营养和价格，还要选取得法。

╲(1) 肉干类零食

★肉干类零食的分类

　　肉干类零食既可以作为对哈士奇训练时"欢欣鼓舞"的奖赏，也可以作为磨牙、洁齿的食品。毕竟狗狗一辈子不能只吃一样食物，多一些选择，使它们更有口福，丰富了它们的生活。只是我们没有必要每天都给它分发零食。零食还是要作为奖励之用，并非必需品、必要品，尤其是不要用零食替代正餐，否则"后果"很严重。

　　肉干类零食分为干燥鸡小胸肉和湿润型肉干。

　　干燥鸡小胸肉，一般被做成肉片、肉条、肉末，以及各种"干货"夹咬胶、水果、夹心等。坚硬而干燥的肉质，较为酥脆，也可以磨牙，幼犬、成犬都适合。鸡肉蛋白质高，脂肪低，易消化，能够为哈士奇提供营养+美味的享受。

干燥肉干和湿润肉干

湿润型肉干，具有很好的适口性，口味丰富，含有一定水分（低于14%），口感更加新鲜而诱人。虽说哈士奇对此类零食来者不拒，特别是湿润型肉干口感丰富，例如鳕鱼鸡胸寿司、三明治、牛肉干、羊肉干、海鲜等口味，但考虑到其敏感的肠胃，还是少吃或适度食用。

　　肉干类零食的选择：散装肉干是最常见的一类。在一些批发市场的卖点，会放在箱子里或简装着论斤卖，虽然价格不贵，但卫生条件堪忧。尽管是狗狗的食品，也要保证质量，建议谨慎选择。

　　简装包肉干（一个塑料袋简单封装的肉干），很难找到生产厂家、生产日期、营养配比表等内容，看似很卫生，价格又便宜，但肉干的质量参差不齐，包装简陋，时间长了容易变质。

　　正规肉干包装都有品牌、生产日期、保质期、营养配比表、厂家地址等。价格稍贵一些，但口味丰富，肉质放心，包装讲究，便于存放。

正规品牌的肉干，可以放心食用

51

★肉干类零食营养及功效

零食营养主要是肉类，蛋白质含量高。首先要选取优质食材制作零食，一般选取鸭肉、鸡肉、牛肉和羊肉等。

采用先进的低温低压干燥技术，肉质水分含量随产品需求不同，越干燥的肉质保鲜期越长，也确保了更多营养物质的存留；同时越干燥的肉质，耐咬性越强，可满足狗狗咀嚼和撕咬的需要。

肉干类零食是专门为宠物加工的肉食，安全性、营养性、适口性俱佳，也要计到每日的总食量中。也就是说，狗狗不会区别主粮和零食。如果零食比例占食物总量过大，主粮就不会被喜爱，哈士奇便会乞求更多的零食。

为哈士奇选取的干燥肉干，克重不要太小，否则直接吞咽下去就缺少了咀嚼的过程，只是满足了食欲，洁齿清洁牙龈的作用体现得不够充分。所以要有目的地选购肉干，增长狗狗对肉干的咀嚼时间，这样牙齿被清洁的时间也就越长。

肉干零食的功效尽管体现在补充蛋白质，改善口味，也可以消除口腔异味，保持口腔卫生，但最重要的意义在于作为日常的奖赏及鼓励之用。

肉干天然的香味能强烈地刺激狗狗进食，让食欲不振一扫而光。强化哈士奇训练和记忆某些动作及事物要求的时候，肉干零食也当仁不让地起到"诱导"的作用。

长期的湿粮、罐头食品与宠物主粮搭配，可以放入少许肉干零食，更加利于咀嚼和护齿。

特别提醒

- 无论是购买宠物干粮还是湿粮时都要注意最佳使用期限。
- 肉干零食不宜多吃，无论在何时何地、何种情况下，都不要每天食用。
- 没有理由地乞之给之，会让哈士奇习惯吃零食而放弃宠物主粮。
- 常吃零食，也会增加色素、防腐剂、添加剂等对狗狗身体的侵害，会出现染色、皮肤问题等现象。

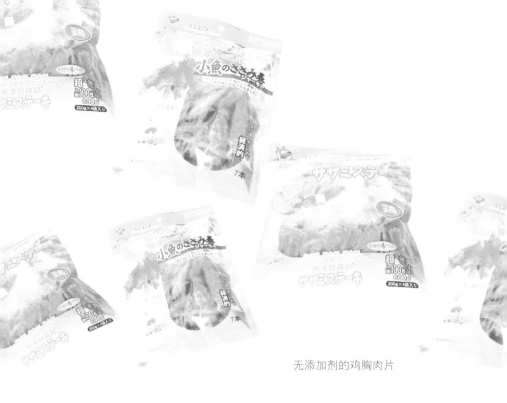

无添加剂的鸡胸肉片

★肉干类零食选购的注意事项

包装 / 选取正规包装的，最好不要选简易包装或干脆没有包装的。

营养配比表 / 根据列表可以有针对性地选择零食。

保质期 / 无论是进口还是国产货，保质期对应生产日期，缺一不可。

分量适当 / 最好整包中进行分包，封口采取"随意拉"的具有保护作用。

肉干类零食品质 / 观察包装袋内零食，无杂质、色泽均匀、切块大小一致，色素含量不超标、添加剂适量、没有变质问题。

哈士奇肉干类零食的选择 / 避免小块、细条、粉末状，拌在宠物干粮中，容易被哈士奇单独挑出，而不进食主粮；选择干燥肉干、少选择湿润肉干；选择小包装、独立包装、带封口包装；将每次食用量控制到最小，只作为奖赏时食用。

(2) 咬胶大比拼

狗咬胶是狗狗日常生活中常见之物，它最大的效果就是避免狗狗到处乱咬、撕扯家居物品及主人的用品。尤其是在哈士奇幼犬的换牙阶段（一般是4~6个月），或针对某些顽皮、好动、精力旺盛、对任何东西都想试试"牙口"的哈士奇，狗咬胶更是不可或缺。另外，狗咬胶能锻炼哈士奇的下颌咀嚼，又不像肉干零食进食多了会对肠胃产生影响，因此适量进食让狗狗的牙齿得到全方位的研磨。成犬哈士奇42颗牙齿中，臼齿的缝隙中很容易残留食物残渣，久而久之，形成牙结石、牙斑、牙垢，若不及时清理或消除，待狗狗年老，甚至于许多天生牙质不好的狗狗在2~3岁的时候，牙齿就出现松动，使食欲衰退，咀嚼能力大幅度下降。如果说人在此时还可以通过补牙、镶牙等治疗手段进行弥补，而对狗狗而言只会直接影响身体健康了。

★咬胶的种类

配方1: 冲压骨（长型、圆形打结、变型打结、异型等）：由肉皮紧压而成，较为坚硬，做成骨头的形状，狗狗可慢慢享用。

配方2: 粒状骨：将肉类或纤维类压成各种形状，类似于蔬菜棒、芝麻棒等，美味而软硬适中。

配方3: 加入洁齿成分的咬胶：适口性更强，添入洁齿成分，例如绿茶、粗纤维并研制出了牛肉、鸡肉等调味剂，对狗狗具有诱惑力。

配方4: 其他食材缠绕或粒棒类咬胶：很多食材都可以与咬胶相缠绕，或者组合成不同段的粒棒，这样既使咬胶更加美观，也丰富了咬胶的口感、味觉和营养。

配方5: 还有使用丝瓜瓤制作的各式咬胶，洁齿和咀嚼效果都很明显。

★咬胶的营养及功效

咬胶不同于零食，具有一定硬度和柔韧性。最好选择在狗狗餐后使用咬胶，延迟狗狗食用的时间。咬胶中脂肪含量很少，不会引起狗狗发胖。当然，也要节制咬胶的投放，作为它磨牙、洁齿和消磨时光用即可。

哈士奇需要咬胶的时候主要包括：换牙期，这时的幼犬只有充分的咬合刺激，才能顺利度过"难受"的阶段，每天投喂一两个，个头大些的，能让它多咬一些时候，也可以多换几个花样，让它感觉不单调，磨牙的同时也是运动；待在家中无聊时，有咬胶的陪伴，哈士奇会不觉得时间的漫长，有一些咬胶比较难啃，这对于性格执著的它最合适不过，因为一口吃

配方1

防牙病狗咬胶

配方2

菜棒狗咬胶

配方3

绿色洁齿的狗咬胶

配方4

有美容作用的狗咬胶

配方5

由丝瓜瓤制成的咬胶

进去不可能，只能一点点地"食用"，也是消磨时间的"小游戏"；情绪焦躁、无处发泄的状况在哈士奇身上体现得很突出，其实，咬胶也是美味，各种味道或者是裹着肉干，都可以暂时缓解它的神经，给予一些安慰；训练过程中，给一根好吃的咬胶，哈士奇会心安理得地接受"鼓励"和"夸奖"，表现得更加出色。

咬胶的营养成分是一体塑成的，相比较天然动物棒骨，它从吸收角度及啃咬的适口性上更加符合狗狗情况。特别是天然动物棒骨被狗狗咬碎后，形成尖锐的小块，会出现划破食道、消化系统脏器的可能性。

天然动物棒骨在熬制过程中，许多营养成分并非存留在骨里，靠它来补充狗狗的营养需求，其效果微乎其微。

尤其是一些家庭，一方面为哈士奇改善伙食，另一方面经常炖骨头、炖肉，会让它更容易接受肉和骨头的味道，狗咬胶就很难吸引它们去咀嚼了。

而宠物咬胶被狗狗咀嚼后，在狗狗身体中自然消融，并将营养成分补给宠物所需，更易吸收。

★选用咬胶的注意事项

对于咀嚼后黏性较大的冲压骨，要尽量让哈士奇一次少食，而且黏在皮毛及胸前很难清理，也容易携带灰尘和污渍，吃剩下的要尽快清理和丢弃。

　　粒状骨易碎，会抖落许多小块。如果哈士奇有窝中进食的习惯，要每日清理窝垫和笼具，以防细菌滋生。但粒状骨容易啃咬，最好是选择块大的购买。

　　加入洁齿成分或者各种味道的咬胶，或多或少含有色素、香味剂、添加剂等，哈士奇也会比较习惯，但附加成分会影响肠胃功能，不要一次进食太多。

　　裹着肉干和其他美味的咬胶，哈士奇容易只吃外部的肉干，而丢弃咬胶，造成浪费。

不乐意吃的咬胶会成为哈士奇的玩具，不仅放到窝里，还散落在家中，污染后的咬胶要尽快清理和丢弃。

↘ (3) 狗狗的更多美味

除了肉干零食和咬胶零食，还有一些狗狗的美味，可丰富日常狗狗餐桌的食谱。

★宠物蛋糕

有的宠物蛋糕使用麦香味的蛋糕粉，加入鸡蛋、花生酱、牛肝等调味料烘焙而成。有的使用全麦面粉、低筋面粉混合，放入燕麦片、牛奶、蜂蜜、鸡蛋等辅料烘焙而成。还有芝士蛋糕、水果蛋糕，五花八门、各具特色。

制作或购买之前，最好先查看其食材配比单，并考察制作工艺程序及卫生条件，含有奶油、高糖、高盐、高脂肪、高油脂，以及狗狗禁食材料，都要小心选用，最后再看狗狗是否喜欢食用。

★宠物点心

宠物点心与人吃的零食是有本质区别的。类似于人的冰激凌、饼干、锅巴、薯片、膨化食品，都不能作为宠物点心。

宠物点心最好是来自于专业宠物品牌食品，无论包装、款式、色泽多么诱人，也应该只作为对狗狗的一种奖赏和犒劳。

随着宠物经济中对宠物食品研发的深入，宠物的口福越来越丰富，也越来越精细和精致。一方面，宠物点心满足了更多养宠人对狗狗的关爱，尝到更多的美食；另一方面，食品本身是否更加有利于狗狗健康和更好的发育，需要更多监督及标准化规则。

部分宠物小食品过多地强调了自身的功能性，例如靓毛、补钙、补充微量元素、调理肠胃、强化某种功能，是否真有"奇效"？许多文字说明将各种添加的食材、营养配比表达得比较模糊，是药还是食品？往往让许多养宠人一头雾水。

专门制作的宠物蛋糕

HUSKY DOGS

第3章

哈士奇狗狗
有家的感觉真好

哈士奇从诞生起，就伴随着人类一起生活。那是一片冰天雪原，是一个自由的国度，在不劳作的时候，它们可以成群结队地嬉戏、运动、结伴、游荡。

现代社会，哈士奇的"家"已经不局限于极寒地区了，大家对哈士奇的喜爱，让它在各地安家。幸好，哈士奇的适应能力很强，加上我们的悉心呵护，它能健康地成长。

哈士奇是我们的爱宠，更是我们的伙伴和朋友，要和我们生活很长时间。所以，不能随随便便地带回家就可以了，做好准备才更能使其有"家"的感觉。

1 住在哪里

哈士奇幼犬好似一个卡通大玩具，但成长的速度很快，几个月就个头猛蹿。开始进入家门，哈士奇幼犬都会小心翼翼、察看地形，熟悉环境后，就会有恃无恐地到处乱串。这时，千万不要使家中的生活以它为中心，刚刚进门就能闻见它的存在，家中的任何角落都被它霸占。

家庭环境中，哪里可作为哈士奇的家，少不了要费一些心思。活动空间至少30平方米以上，休息空间在5平方米左右。

↘(1) 客厅

小哈士奇刚到家就安置在客厅，并不是最好的选择。因为，小哈士奇每日都会数次忍不住地拉撒，若不及时清理，家中的环境将被搞得"乌烟瘴气"。

客厅人来过往，靠着门口安家，出入时，狗狗必然警惕地嚎叫或者是一拥而上，便让正常的家庭生活变成了以"它"为中心的生活。

客厅基本是家人的活动区域，哈士奇在客厅也会难以充分休息。小哈士奇每天要保证有十多个小时的睡眠，客厅的响动太多，容易惊扰它们。

↘(2) 卧室

小哈士奇虽然小，但每天到处玩耍，身上必然带有大量细菌。将家安置在卧室，即使是每日清理，也会对人的身体造成影响。

一旦小哈士奇养成上床睡觉的习惯，再想将它赶下床，就是非常纠结和困难的事情。哈士奇的领地意识和头领意识，都会让它觉得床是它的地盘。哈士奇从小服从性的训练对于长大后养成良好的习惯至关重要，过于溺爱和骄纵它，将会直接导致性格问题。

客厅

↘ (3) 阳台

阳台的使用面积大小、是否恒温、阳光照射情况、湿度通风情况等，都是是否可以放置哈士奇的考虑要素。

有些住家将面积很大的阳台改造以后，让哈士奇居住和生活，可以最大程度上感受阳光的照射和新鲜的空气。如果将其在阳台笼养，即使是散养，地方狭小、夏热冬冷，也不过是一个遮风避雨的栖身之所。哈士奇也会变得懦弱和胆小，不易驯化。尽管将阳台改造，基本上能适应哈士奇的生活条件，也要根据季节的变化、哈士奇的体质不同进行每日观察。如果发现体质下降，有患病的前兆，最好马上搬"家"。

↘ (4) 卫生间

哈士奇在卫生间里生活，对其成长不利。即使卫生间内收拾干爽，外接窗户，空间较大，毕竟通风不好，多湿又易滋生细菌，少有太阳。久而久之，会严重影响狗狗的成长发育。

有条件的家庭，最好将其放置在独立的居室内，空间不用太大，但温度、湿度、阳光、通风都要合适，备有空调，以防夏季炎热。

空间拮据的家庭，要准备较为宽敞的笼具，并非是让狗狗吃喝拉撒睡都在里面，仅为居住而用。安放在较为安静、不易被打扰的地方，平常活动的区域要有所限制，避免"破坏"。

如果家中的实际活动区域不到40平方米，就要加大户外运动的时间和活动量，满足哈士奇的运动需求；否则，家中的家具和物品，很有可能遭到它的"啃噬"。

总之，哈士奇的睡觉区、休息区、饮食区、排便区、活动区等，最好相对固定。随着哈士奇慢慢长大，其良好习惯的逐步养成，家中的秩序才能一如既往，生活才能井然有序。

2 住的讲究

无论哈士奇家中的窝垫还是笼具及相关用品，都要做到以下几点：

- 不被太阳直射；
  通风良好；
  避开空调出风口直吹；
  环境安静；
  食盆要大、防咬、防摔，金属盆带有防滑垫，及时收起和清洗；
- 水盆自动补水、足够整日不断、每日清洗；
- 玩具常备，常换常新；
- 咬胶消磨时光，及时清理；
- "方便"器具妥善安放、每日消毒；
- 窝内、笼具铺垫定期清洗、消毒、阳光暴晒；

3 笼具和窝具

↘(1) 笼具不是"监狱"

说到笼具，个别主人会有一种"狗狗住笼子"就是引犬进入阴森恐怖"监狱"的错觉。如果主人试图使用笼具作为惩罚和束缚狗狗自由的手段，这既不符合"人道"，又说明主人不了解"狗道"。

哈士奇使用笼具的必要性：① 让哈士奇明白服从性是训练一切好习惯的前提；② 让哈士奇具有安全感；③ 最大程度减少哈士奇烦躁时咬毁家中物品；④ 降低哈士奇在春秋季"特殊时段"情绪的亢奋和过激行为；⑤ 让其睡觉时，能自动回到指定地方。

↘(2) 笼具的适应要从"小"开始

在哈士奇没有进入家门前，最好将笼具准备好，并安置在指定地方。幼犬的爪子小，如果笼具缝隙较大，为了避免夹到爪子，最好有所铺垫。

刚开始，不要将哈士奇一关了事，任其哀嚎。门不必关上，而是能让其自由出入。笼具一定要放在家中经常过人的地方，即使是关门，哈士奇没有适应前不宜超过2个小时。可能它会不知所措地嚎叫，最好离开它的视野，待其安静后，再进行奖励和抚慰。

哈士奇对于笼具的适应需要一个过程（时间）。因为，哈士奇喜欢和主人在一起寸步不离，敏感的心理使它觉得处于笼具中，犹如自己被主人抛弃了。

所以，主人要有耐心，更需要"忍过"这个阶段。一味地迁就狗狗，更会助长其"强势"和"霸道"的个性，而颠倒了主从关系。

笼具有时也会成为哈士奇的口中玩具，一些可以咬动的铁丝及笼具上的装饰，会被它咬来咬去，直到变形或咬下来。另外，笼具中的水盆也会"在劫难逃"，最好牢牢地固定住。如果补水的循环水盆是插电的，要把电源线好好隐蔽起来，切勿让其能够咬到。

(3) 笼具的选择

不锈钢笼／不锈钢笼质地结实耐用，款式多样，便于清理，视觉美观而造型高档。目前也有一些厂家推出了针对不同家居尺寸的随意定制，更吸引了许多消费者。

人性化钢丝笼（铁丝笼）／这类钢丝笼（铁丝笼），没有设置底部托盘，狗狗的本性是不会在"家"中上厕所。也就是说，这是真正意义上哈士奇的"家"，设计精巧的移动式隔断，可以随着狗狗的成长扩大"家"的空间，但有时"家"太空旷了，反而让狗狗觉得缺乏安全感。

哈士奇的体型不小，一次性设计得较大，能延长笼具的使用寿命，只是造价不菲。如果只用几个月就更换一个更大的会比较浪费。

> 提示｜此类产品适合哈士奇幼犬到成年以前使用。

★一般推荐的笼具

可折叠拼装的钢丝笼（铁丝笼）／这类钢丝笼（铁丝笼），造价便宜，通风良好，托盘易于清理，但保暖性差，舒适度低，狗狗脚趾处于钢丝或铁丝上，不利于健康发育，也极易造成对狗狗口腔和皮毛的划伤。

钢丝笼具

可折叠拼装的树脂笼／这类树脂笼，底盘由树脂构成，可以安置狗厕所或尿垫，材质优良，韧度较高，无异味，便于清理。

针对没有托盘放置的问题，狗狗并不会由此感到不适，因为树脂笼的主要目的是为狗狗设置一个窝，而不是厕所。

> 提示｜此类产品适合哈士奇幼犬到成年以前使用。

树脂笼具

★可以考虑的豪华笼具

整体式笼屋（树脂、硬塑料）／这类整体式笼屋类似房子，保暖性好，天窗有利于通风换气，屋门可关可开，可设置或卸掉，安装灵活。选择时，要注意笼屋内空间大小与狗狗体型相结合。

提示｜造价不菲，容易变成哈士奇咬毁的玩具之一。

小房子式的空调笼屋

整体式房屋（木质宠物别墅） ／ 空间较大的房中、院子里、阳台上，选择一个豪华气派的木质宠物别墅既美观又宽敞，哈士奇会感觉非常舒适。

> **提示** ｜ 木质宠物别墅如果经过雨淋或不经常清理，一段时间后容易木质发霉、产生异味，所以经常消毒、杀菌、清理、通风、晾晒能够缓解问题的发生。

木制宠物别墅

★最值得推荐的必备非笼具——宠物航空箱

作为临时性"安乐窝"，宠物航空箱是不错的选择。更主要的是，它具有携带方便、结实耐用、保证狗狗安全的作用。对于喜欢旅游，又喜欢携犬出行的朋友，备有一个大小合适的宠物航空箱，放置在汽车中、运输托运都非常实用。

千万不要认为哈士奇的航空箱越大越好，只要保证能自由地转身和卧在里面不随便移动即可，针对容易晕车的哈士奇，最好能有所铺垫。

★最值得推荐的户外使用非笼具——围栏

一部分可折叠拼装的树脂笼，可以去掉顶盖，变为一个围栏。围栏可有底垫，也可以没有底垫。围栏一般携带方便、拆卸灵活、清洗便利，尤其是部分可插于草地中，可在郊游中使用。放置在家中，也可以自由组合，有很好地限定狗狗活动区域的作用。

宠物航空箱

围栏

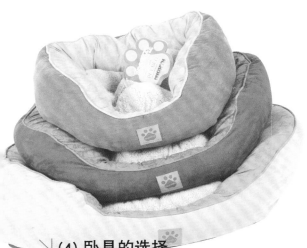

枕式卧垫

↘ (4) 卧具的选择

　　卧具的选择，要根据哈士奇的体型大小、性格特点、笼具情况，还有家居空间大小、卧具位置进行考虑。

★常见的卧具

沙发窝 / 具有极好的室内装饰作用，搭配家居风格统一而实用性强。

多型窝 / 设计上考虑狗狗的体型特征，材质柔软而温暖，拆洗方便、便于清洁。

平垫窝 / 没有任何进出口的束缚，清理起来简单，更适用于夏季。

外延窝 / 就像人的软床，也配合外延和枕头的设计，有些甚至还有小被子相搭配，非常美观与实用。

床型窝 / 根据狗狗的体型大小设计，床上铺垫可以根据季节不同，更加强调款式和色彩搭配，多种材质混搭也是其一大亮点。

★选择要领

　　卧具的填充物最好不容易被咬破后撕扯出来，整块的填充物质量要好，抗耐压。填充物外最好套有耐磨、结实、带拉锁、可以拆洗的布套。外套的材质避免易吸毛、易产生静电。也可以采取再在外面包裹一层薄单子的办法，日常清理也免于拆下外套，多准备一些单子备用替换。

　　但是，遇到情绪急躁的哈士奇，会将卧具的铺盖和填充物变成宣泄的对象。如果里面填充有羽毛或絮状、丝状物质，更容易被掏出来玩耍。

　　哈士奇的卧具最好是整体的，不要有过多的装饰；不用过大，让哈士奇蜷在中间即可；放在笼具中，卧具上不要放置食盆、水具，或将其他的宠物食品带入食用；每日最好清理一次，将玩具定期清理、卧具外套定期清洁、消毒、阳光暴晒。

卧毯

↘ (5) 掉毛与家庭环境

哈士奇会有掉毛的情况，尤其是在春季、夏秋换毛季节，都会给家庭带来相当大的困扰。

能够最大限度地减少掉毛情况，关键是要每天梳毛，一日一次。使用适当大小的柄梳、排梳、针梳将哈士奇全身上下，尤其是耳后、胸前、身体两侧、四肢内侧、腹底等处，都要认真梳透、梳通，这样会减少很大一部分宠物皮毛散落在家中。

在哈士奇的卧具和笼具周围、里面，也会有不少掉落、粘上的皮毛，用强力吸尘器或者是粘纸贴、胶带，也很容易清理，避免细菌滋生。

家中使用加湿器或者是保持适当湿度，飞毛也不易满屋飘散。

定期洗澡、梳毛，是保持家居环境、降低异味的好办法。

↘ (6) 注重笼具、窝具的品质

笼具、窝具不是经常购买的宠物产品，但个别养宠家庭中，几乎不涉及这方面的"配备"，一来觉得必要性不大，二来觉得放置起来比较麻烦，会使本来空间就不大的寓所更加拥挤。

其实哈士奇的日常生活中，在吃、住、玩、行等方面的管理，有一套完备的笼具和卧具，会给主人带来方便、清洁、宁静和安全，狗狗也会自觉舒适和欣慰。

毛圈质卧毯

4 卫生+清洁+除味

哈士奇的毛虽不长，但家人中有对动物皮毛过敏的，最好到专业的医院做一个过敏源的化验。如果有哮喘等病患的家人，也要先进行诊断，并采取有针对性的措施。不要和哈士奇过多接触，并限定区域活动，每日注意通风换气。

所以养宠家庭环境的卫生，关系到家庭中每一个成员的身体健康，尤其是有老人和孩子的家中，更要注重卫生、清洁和除味。

哈士奇每日都要外出遛弯，可能携带一些细菌或病毒回来，幸好，它的皮毛比较容易清理。但是，对灰尘或挂上的一些"小零碎"，外出郊游时草丛中尖锐的"小果食"，还有体外寄生虫的侵袭，都要在回家前清理完毕，避免家居环境的二次"污染"。

哈士奇自身的体味并不是很大，但或多或少也会让家庭中存在"狗狗"的气息。例如狗狗的皮毛护理不当，细小的飞毛、笼具和窝具长期不进行清理，木质宠物房屋受潮和霉菌滋生、外出带至家中的异物，自身口腔、耳道、肛门腺体等，也会或多或少地令家中飘散着狗狗的气味。

并非要一味地遮盖狗狗的味道，可以依据个人喜好，适量喷洒宠物专业除味剂，如果还有味道，可以使用猫类除味喷剂，除味效果更好。

每日运动+晒太阳，能够提高哈士奇的肌体免疫力并利于皮毛的生长。了解不同季节、身体情况、皮毛特点，当然会减少皮毛烦恼。

皮毛颜色与质感反映狗狗的健康水平。

臭味清除剂

环境消毒去味液

臀部清洗剂

宠物香水

（1）环境消毒

洁厕消毒／彻底清除宠物环境中的病毒、细菌性病原。

宠物服饰洗液／宠物服饰洗液含有特效蛋白酶与杀虫菊酯，去除细菌、原虫（卵）和病毒等病原体，彻底消除人、宠接触造成的交叉感染。可以用于洗涤宠物窝垫。

宠物家庭去味喷雾／使用香水等遮盖宠物味道，只能适得其反，还会危害狗狗灵敏的嗅觉器官。宠物家庭去味喷雾可以瞬间中和异味分子，其抑菌成分对细菌和微生物的滋生有抑制作用，尤其对狗狗皮毛和嗅觉系统刺激性小，使用安全。

地板清洁剂／高超的去污能力，全无刺激味道、无毒无害和经济实惠。

（2）无水护理法

宠物毛发清洁海绵／用清洁海绵擦拭狗狗皮毛，去除灰尘及脱落的皮毛，可反复使用。

免洗型臀部清洁剂／可清洁、灭菌，保护皮毛、皮肤，可每天使用。

免洗泡沫香波／将泡沫涂抹在被毛上，按摩后用梳子洗干净，具有滋润、保湿和护理的作用。

免洗清洁泡沫／用泡沫抹匀后，用干布擦净，使狗狗皮毛滑顺，保持清香，抗敏感和天然抑菌。

（3）消除狗狗异味

消除异味，如"古龙水"——精油香波。又如犬用专业香水等，只能在居室环境中喷洒，而不能直接在狗狗身上使用。

（4）狗厕设置

哈士奇幼年特别是在没有做完防疫前，最好不外出，乖乖待在家。当然，也就少不了在家中安排狗狗上厕所。选择一个爱犬的厕所。既可以保持家居环境卫生，又可以训练其定点如厕的好习惯。

建议哈士奇做完防疫后，慢慢养成在户外上厕所的好习惯。尤其是哈士奇到成年后，还在家中上厕所，也会给环境卫生带来很多的不"方便"。

千万不要由于"懒惰"，让哈士奇养成在卫生间或自己的笼具中、窝具周围上厕所的习惯，这既是狗狗不喜欢的事情，也不能为了省事，破坏家庭环境卫生的"秩序"。

哈士奇幼犬使用的厕所不宜过大，可以将尿垫和狗厕所搭配使用，防止尿液粘在狗狗脚上污染环境。每日对厕所的尿垫进行清理，并对厕所进行消毒。不可为了去除味道，在狗狗厕所喷洒香水或含有浓重味道的消毒产品，否则会对哈士奇的呼吸系统造成损伤。

狗狗厕所需要定期更换。使用PP塑料高强度树脂作为材质，易清理、无异味、坚固耐用，设计美观，亦可配合尿垫使用，安有防滑装置，尺寸多样。

母犬用厕

公犬用厕

5 食盆和水具的选择

　　哈士奇从幼犬到成犬，可以选取食盆、水具分开的形式。相对而言，连体产品都较小，分开设置可以根据其需求进行选择。

　　食盆用于定时、定点、定量地投放食物，平时不用时最好收起。水具需要全天保持新鲜饮用水，所以要计算自家哈士奇一天的饮水量，可根据季节的不同进行调换。

　　有在宠物主粮中加入罐头、湿粮等宠物食品习惯的狗狗，食盆每日使用后要进行彻底清洁和消毒，自然晾干，并和人的食具相分离。如果不用补水型的水具，哈士奇使用的水具最好深一些、盆口大些、盛水量多一些，只是水具本身不要太轻，有防滑垫则不宜移动。

　　食盆、水具很容易成为换牙期或活泼好动哈士奇的启蒙玩具，如果发现自家哈士奇有此"嗜好"，在及时制止的同时，更换材质、重量和设计更合理的食盆、水具，以哈士奇不能用嘴咬起、拖动、咀嚼、拉扯为前提。

　　哈士奇不宜长期饮用纯净水，最好是烧开的白开水，适度饮用矿泉水。如果要向水中添加营养品，先少量试用，观察狗狗饮用情况。不提倡长期添加营养品，最好以白开水为主。

　　在炎热的夏天，即使屋内的温度适宜，也要准备充足的狗狗饮用水，帮助狗狗散热。

　　变化环境尤其是携犬外出，最好携带狗狗日常适应的饮水，否则会造成应激反应，加之就医困难，后果较为严重。

　　食盆、水具并非狗狗的一次性投资，最好定期更换。

树脂盆

质地坚硬，造型美观，耐磨耐用，而一旦有所破损清理起来比较麻烦。

自动补水器

最适合家庭且饮水量较大的哈士奇，能够自动补水，卫生而清洁。

塑料盆

质地较轻，花样繁多，价格低廉，多有防滑设计，容易被咬坏和破损。

金属盆

耐磨性、抗咬性俱佳，方便清洁，也会变成哈士奇喜爱的玩具。

旅行用水壶

不用额外携带水具，携带方便，随用随喝。

陶瓷盆

重量较沉，款式多样，清洗方便，只是容易摔裂。

6 安全与防范

(1) 哈士奇独自在家

哈士奇尤其是哈士奇幼犬被单独放在家中，对环境已经熟悉的它会十分兴奋，喜欢靠撕扯、咬噬来得到满足，这让人不得不担心。

我们有的时候会低估小家伙的玩耍能力，也很难预见到它对什么感兴趣，而被我们忽视的情况，有时会造成危险。

玩弄纸巾、绳子、线团时吞噬下去，包括玩弄窗帘绳、百叶窗绳，可能被绳线缠绕。这说明，对于类似哈士奇好动、顽皮，情绪张扬的狗狗来说，想让它安心在家，就要把该想到的都尽量想好，避免意外的发生。大的方面，让狗狗所在的室温、湿度保持舒适，避免阳光直射；最好是单独的一个房间、一个区域，别只是将其往笼具里一放了事。在活动区域内，睡觉区、运动区、排便区、饮水区，缺一不可。可以在睡觉区内放置一些玩具，加之许多哈士奇都有在睡觉区吃东西的习惯，可以准备少量宠物咬胶，让其消磨时光。

建议不选择有托盘的笼具款式，一方面笼具本就不是厕所供其拉撒，另一方面幼犬也容易被夹住爪子；可以将窝垫放在笼具中，它会乖乖地进去睡觉。同时，笼具不要太大，水具最好放置在笼具外面，保持笼具的门是开着的，出入自由。

每天哈士奇幼犬难免会有数次"方便"，能练习在指定地方进行并不难，使用狗狗厕所、尿垫、大小便诱导剂、废报纸都可以，一旦狗狗适应了指定地方上厕所，就要让它坚持；即使乱撒乱尿，也不要责备，责备不会有任何成效。

要让哈士奇在限定区域中活动，还需要围栏或围挡，尤其是家中没人的时候，幼犬能做到不破栏而出较为容易，而成犬很难被围栏或围挡所"困"。若让成犬能相安无事地乖乖待着，首先保证每天都有运动的能量释放。在有人、无人时，都不会作出翻越围栏或围挡的企图。玩具和咬胶可以帮助它消磨独自留守的时间。当然，若狗狗表现好，也要有适当的奖赏。

出门和进家时，不要养成和狗狗"问候"和"告别"的习惯。所以，最好限定区域不要直对家门，因为它会随时洞察我们的进出。

现代生活对哈士奇生活的影响是深远的，连它的睡眠习惯都不得不改变。

哈士奇的睡眠时间和我们的不完全一致，当然，我们休息的时候，它好似也进入了梦乡。不过，狗狗是有机会就睡一觉，主要集中在中午前后和凌晨2~3点，睡眠的长短也各不一样。幼年和老年哈士奇睡眠时间较长，而壮年哈士奇睡眠时间较短。

哈士奇有浅睡，也有深睡，被打扰的狗狗易怒而易吠叫。睡眠不足，会导致工作能力下降、记忆减退、焦躁不安、精力不济。所以，哈士奇自己在家，睡眠、休息、玩乐、消磨时光，都需要我们一一做好安排。

↘ (2) 疏忽大意引起的安全隐患

从哈士奇进门的第一天，我们就要做好一切防范安全隐患的工作。幼犬时，好奇心重，对环境不熟悉，喜欢咬噬咀嚼，所以电源插座、手机充电器、电器遥控器、各种人的食物、用品、垃圾桶，都要远离它；成犬时，人在出入时要随手关门，对于狗狗能够触及的窗子也要多多留意，春秋的"特殊时期"及情绪焦躁的时候，可通过运动、食物、陪伴缓解其心理不安。

定期检查笼具是否出现金属丝外露，窝具里是否存在吃剩很久的食品残渣，垫子以及铺垫物是否干净并经常消毒。遗留在各处的毛发是否已经清理干净等。

每日遛犬前，仔细检查哈士奇的项圈和牵引带是否拴紧，最好带上刻有主人姓名、宠物姓名、联系方式的狗牌，并备有梳毛工具、拾便工具等。

牵犬乘坐电梯，最好主动避让有老人、孩子、介意同乘电梯的人，避开电梯的高峰时段。有其他犬只乘坐一梯，最好拉紧牵引绳，并让自己的犬只安静。即使是熟人或狗友，也不可在电梯内让狗狗互闻或嬉戏，避免遗尿或有尴尬的动作。

哈士奇的家也是我们"家"中的一部分，也经常是细菌、病菌的滋生地，要定期为哈士奇梳理皮毛、修剪毛发，让我们的家更加温馨，人宠同乐，共享幸福。

HUSKY DOGS

第4章

哈士奇狗狗
要玩就玩个痛快

　　哈士奇不仅是雪橇高手，更是玩乐行家。在家中，它们闲不住地伴在我们左右，只要有外出的"号令"，它们更会急不可待地欢呼雀跃。

　　我们不仅要妥善安排好哈士奇日常的生活，也要尽量抽出时间多陪陪它们，让它们感受我们对它们的关注和喜爱。

　　哈士奇的性格温驯而友好，不具有攻击性、乐于交往、好奇心重、充满活力。哈士奇不具备守卫犬的占有欲，对陌生人、陌生环境少有防备，适应程度高，不愧为陪伴和忠诚的工作犬。

　　享受玩乐对于哈士奇来说，不仅是消磨时光那样简单，适当的运动更有利于它们的身心健康和身体健康。

玩乐的过程也是运动的过程，也可以磨牙、锻炼四肢的协调性。

玩乐的过程也是学习的过程，社会化的进程中，离不开与玩乐的联系。

• 玩乐的过程也是奖励的过程，狗狗会觉得只有做得更好，才能得到玩乐的机会。

• 玩乐的过程也是信任的过程，主人和狗狗之间的亲昵和睦在玩乐中得到释放。

• 玩乐的过程也是享受的过程，狗狗太多可爱的地方让我们回忆无穷。

玩乐其实是哈士奇的天性

1 哈士奇的玩具攻略

家中玩具攻略

延时玩具 / 可将零食、犬粮的小颗粒放到玩具中，随玩随出，美味又让狗狗消磨时光，充满情趣。

刷牙玩具 / 刷牙绳形式多样，有的和球类玩具相结合。质地紧密的材质不易被狗狗咬坏和拆开，类似须状的绳头便于狗狗用牙撕咬，避免了家中家具、物品被啃咬，将牙齿、牙床的结石彻底清除，保持口腔清新。

磨牙玩具 / 磨牙是狗狗闲来无事消磨时光的"乐事"。磨牙玩具不仅美味可口，而且不易轻易被吃掉，附加的各类微量元素和洁齿成分，在给狗狗带来快乐的同时，更有效洁齿。

橡胶和尼龙玩具 / 不易被狗狗撕咬毁坏，不易造成撕咬后误食的后果。

户外玩具攻略

球类 / 无论是塑料球还是橡胶球，球类玩具各式各样，颜色诱人，材质各异。还有些附加声音设计，狗狗玩起来乐趣多多，在运动中，让肌体更加健壮。

发声玩具 / 通常是聚乙烯或乳胶玩具。当狗狗叼起玩具时，就会发出各种声响。开始狗狗会有些害怕，而熟悉后这种回应会让它们的好奇心理完全被激发起来，越玩越上瘾。

训练玩具 / 飞盘、牵绳网球、高尔夫球等，都是训练狗狗敏捷、跑动、搜寻的好"东东"。发现狗狗的兴趣点，增加它们的"行动花样"，更是增进感情的不二之选。

为什么要培养哈士奇喜欢玩具？ ①摆脱狗狗只和人在一起，离开了人就非常焦虑和不安的习惯；② 有玩具的陪伴，可以消磨时光而不孤单寂寞；③ 各种玩具，可以锻炼哈士奇的耐性和才智；④ 玩具也有助于哈士奇的身体健康；⑤ 和人一起的时候有许多互动性的玩法，不单调；⑥ 锻炼服从性，让狗狗社会化的程度提高；⑦ 玩具的种类层出不穷，适合不同阶段的哈士奇玩乐，能够释放出它的能量。

玩具是哈士奇的消耗品，不是耐用品。根据不同的场合，常买常新。玩得久的玩具，有可能带有污渍，也是细菌滋生的地方，要定期清理和消毒，该丢弃的时候要丢弃。

哈士奇会比较偏重几类玩具，或对一些玩具丝毫没有兴趣。多准备一些类型，让它有更多的选择。千万不要吝惜，多给狗狗一些快乐，也多给狗狗一些时间。

2 玩耍不忘安全

↘(1) 结伴携犬玩耍最安全

拥有同一品种狗狗的朋友，最容易相互结识和一道玩耍，我们称作"狗友"。饲养不同品种，在携犬外出时，最好结伴同行。随意将自己的狗狗交与他人，会由于环境的变化发生跑丢，很难唤回的危险。

↘(2) 及时制止狗狗捡食的行为

我们要仔细观察玩耍环境中，是否存在危险的异物（例如，玻璃、铁丝、荆棘灌木是否有刺等），更要注意是否有投递鼠药、杀虫剂等可能引起中毒的情况发生。察觉狗狗误食后及时让其吐出，并检查是否吞咽和有无其他不良反应。

↘(3) 牵引绳的使用

哈士奇注意力容易分散，有些玩耍中的潜在危险，它们不易察觉，所以在陌生而复杂的玩耍环境中，还是以牵引为好。在空旷、平坦或较为熟悉的环境中，可以让它们尽情享受自由，但要以足能听到我们的呼喊并召回作为前提。

↘(4) 玩具不能吃

现在的玩具不仅千变万化，而且连味道都有了。但我们要永远记住：玩具不是吃的！一旦在狗狗玩耍中被吞咽，后果将相当严重。尤其是对于喜欢撕咬的哈士奇，选择玩具时要注意大小、材质、易坏程度和玩耍安全说明。

↘(5) 玩具只能玩

哈士奇自己找来的不一定都是玩具，还可能有我们的家具、鞋子、手套、窗帘、电源插座、充电器、手机等，这里的危险无处不在。所以当我们敏锐地感觉到，哈士奇有可能"破坏"到我们的生活，甚至也威胁它自身的安全时，就只能统统地"束之高阁"让它们可望而不可即。

↘ (6) 硬骨头藏祸患

我们要把吃剩的硬骨头，包括大棒骨、碎骨及时处理掉，不能将其作为玩具给狗狗玩耍。如果被哈士奇藏起来慢慢享用，一方面不卫生，极易引起肠道疾病；另一方面，尖刻的质地会损伤狗狗的牙齿，万一吞咽过程中划到肠胃，后果将很严重。

↘ (7) 狗狗打架起事端

哈士奇不会主动向其他狗狗公然"挑衅"，但也有强烈的"警示"本能。不过哈士奇个体不算庞大，也并非凶悍强壮，几声嚎叫对于那些好斗的狗狗就会"忍无可忍"了，难免出现"撕咬"。

这时，绝对不可"恋战"，"多一事不如少一事"，及时唤回自己的狗狗，用牵引绳将其尽快带离现场。一旦出现打斗，切勿用手或身体进行阻挡，防止情急之下对人的更大伤害。

↘ (8) 剧烈运动后马上喝水的教训

哈士奇剧烈运动后，饮用冷水会加剧喉咙、食管、消化器官的收缩，严重时造成窒息，甚至死亡。切勿疏忽!

↘ (9) 给哈士奇系上一个"身份证"

将主人的姓名、联系方式、具体电话、狗狗的名字、基本情况一一写清楚，以便跑丢后寻找。

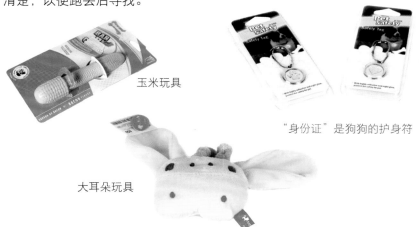

玉米玩具

"身份证"是狗狗的护身符

大耳朵玩具

3 玩乐时间

哈士奇的玩乐，也是它的运动。要让哈士奇更加健康地成长，适度的运动，适度的项目选择，足够的运动量，都维系着它的心理和生理健康。

但并非到哈士奇成年，或几岁了，才想起运动的事情。从小开始运动，可以保持肌肉组织、心肺功能、关节和骨骼、消化道的功能正常，避免消化道紊乱、胀气、消化不良、便秘等。

我们的居住环境和条件，往往决定了哈士奇的运动范围；同时，工作和生活的事情，也最容易挤占哈士奇的运动时间。

以下提出几个方案，可根据情况安排哈士奇的玩乐时间：

方案1： 家中哈士奇无论幼成犬的活动区域（包括室内、室外）、面积大于100平方米，完全能满足每日哈士奇的运动量，不必额外费时。

方案2： 三个月以内的幼犬，在家中运动即可。

方案3： 三个月以上成年以内幼犬，每日需要一小时的运动。

方案4： 成年以上，25千克以上成犬，每日需要一个半小时到两个小时的运动。

方案5： 八岁以上老年犬，每日需要四十分钟到一个小时的运动。

"问题"方案：

方案1： **只看不行动。** 尽管凑够了每日的活动时间，但主人只是在聊天、做自己的事情，狗狗在一边溜达，无所事事。这样，虽然有了时间，却没有效率，等于没有运动。

方案2： **周末运动。** 平时没有时间，只顾狗狗上了厕所即遛犬完毕。到了周末，想尽一切办法补上运动一课。尤其对六岁以上的哈士奇，容易造成心脏、脊椎、韧带、关节的问题。

方案3： **骑车运动。** 脚踩自行车、骑着摩托车的遛犬方式，没有任何互动。为了运动而运动的做法，狗狗会极易产生抵触情绪，身心疲惫，也坚持不了多久。

温馨提示

运动最好选择食后半个小时，饿着运动，哈士奇体力不济；过饱，容易造成肠胃不适。每顿最好八分饱，少食多餐。

4 玩乐宝典

↘ (1) 携带所有的证明资料和必备药品

外出前，对哈士奇的全身进行一次健康检查。准备好狗狗的防疫健康证（注意有效期限）。适当地携带乘晕宁及体温表；外伤药品以及宠物专用消化类药品，宠物抗菌消炎类药品，宠物体外寄生虫驱除药品，以防意外。

准备好防疫健康证

↘ (2) 了解目的地的环境和状况

携犬玩乐，要考虑目的地的特点是否适合哈士奇。对于哈士奇来讲，行程的安排要更加缜密，运动量适当，以防变换环境所带来的应激反应，导致狗狗生病或不适。

(3) 针对狗狗性格做好行程安排

如果狗狗从小受过较好训练，对"唤回"、变更环境都有很好地适应，就可以放宽一些行动的自由；反之，则要时刻保持狗狗在主人的视野范围内。不怕一万就怕万一，务必要准备一个信息筒，将主人姓名、地址、联络方式、电话号码、狗狗的品种、名字、生活习惯等大致情况写明，放置到信息筒中，并牢固地悬挂在狗狗的脖颈上。

(4) 狗狗旅途用品不怕多

狗狗在旅途中和家中的情况差别越小，适应得就会越快。所以狗狗日常使用的用品不要怕多，犬粮、日常饮用水、犬窝、牵引绳、玩具、食盆、水具、零食等都要携带，按照旅程的时间，放置有序，便于拿取。

(5) 准备好车内航空箱

尽管可以将哈士奇放置在车内后座上，但最好还是在车内准备一只大小合适的航空箱，既能保证行车中的安全，也能在目的地放置宠物。

(6) 及时防晒

哈士奇的双层被毛有很好的隔热、防寒和防晒的作用。但长时间在外被阳光照射，会灼伤皮肤，要及时在阴凉处休息，缓解身体疲劳。

(7) 别忘了我们的宝贝

无论行程怎么安排，都不可把狗狗单独放置，要抽出时间观察狗狗的饮食、便溺，精神状况、身体状况的变化。

(8) 结束行程后

愉快的行程结束后，要仔仔细细检查狗狗身上是否有体外寄生虫，并采取防御性滴药的措施。为狗狗彻底清洗身体，对于湿疹、皮炎、脚趾炎症的隐患要尽早发现，并向专业人士咨询，以防扩散。察看是否有外伤，有化脓迹象要马上就诊。

HUSKY DOGS

第5章

哈士奇狗狗
吸引眼球的本领

1 整洁和干净

哈士奇本身体味不重，即使经常在外运动，也不显脏，保持皮毛光亮、整洁、服帖会更加招人喜爱。狗狗口气清新无异味，也标志着其健康及良好的"素养"。

↘(1) 口腔卫生

宠物牙膏套装
不含发泡剂和甜味剂，有效清洁去除口腔异味。

宠物清新口腔护理液
特含抗牙菌斑，预防牙菌斑和牙龈疾病，保持健康口腔环境及清新的口气。

除口臭芳香丸
迅速清除爱犬因消化习惯疾病、口腔疾病和饮食不当引起的口腔异味。

口腔消臭喷雾剂
特含香草成分，有效去除宠物口腔异味。

洁齿饮用水
配合高浓度洁齿配方，稀释后作为日常饮用；也有无须稀释，直接饮用的。

(2) 宠物用品卫生

每日清洁、消毒 / 食盆、水具、笼具、窝具、宠物玩具。

每周清洗、更换 / 窝具的铺垫（宠物清洁消毒剂洗涤、太阳暴晒、防静电处理）。

定期更换 / 宠物玩具、窝具的铺垫。

宠物玩具最好不使用洗衣机进行洗涤；用过量的洗涤剂，晾干后狗狗舔舐也对健康有害。所以，最好使用宠物产品消毒剂，而且不宜与人的衣物混洗。

2哈士奇的皮毛护理

　　哈士奇的皮毛较为服帖，但皮毛上也会带有泥沙、污渍、粘连草粒、树枝等，底层绒毛和外层硬毛要使用吹水机或柄梳梳毛仔细清理。经常不梳理的皮毛有打结情况，尤其是在耳后、胸部、腹部两侧、四肢内侧等部位，懒于梳毛，结会越打越大，最后只能贴皮剔除。所以在洗澡前，务必梳透、梳通皮毛，将不能打开的毛结剪掉或者打散后梳理。剪掉毛结时，小心将皮肤划伤，尽量减少狗狗痛苦，不要生拉硬扯开结，最好由有经验的宠物美容师处理毛结。

　　也可以用蓬松增毛的浴液或护发素将毛结浸泡，在吹风过程中清理毛结或剪除。留有毛结若久未吹干，会导致皮肤病或其他皮肤炎症。

　　即使在夏天，也不要让皮毛自然晾干，最好及时吹干。

洗澡前，准备好洗澡设备、专业洗护产品、吸水毛巾、浴液稀释瓶（盆）。操作人员最好穿着防水围裙，防止淋湿衣物。

一次性将需要使用的宠物浴液进行稀释，使用时便于倒取，不应直接将浴液涂抹在宠物皮毛上。

先用手试感水温，夏季以温水为主，冬季以不烫手即可。

淋水时，避免水流进入耳道，口鼻眼部位同样小心。先冲淋身体、四肢及尾部，最后冲淋哈士奇头部。

冲淋过程及时调整水流，一定要将哈士奇皮毛完全冲透，及时制止哈士奇淋水后甩水的习惯。挤肛门腺注意手法（接触位置似八点二十分指向），让哈士奇从幼犬时就适应定期挤肛门腺，以保证健康。

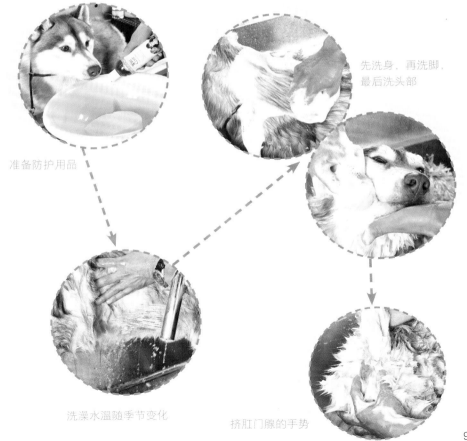

先洗身，再洗脚，最后洗头部

准备防护用品

洗澡水温随季节变化

挤肛门腺的手势

对四肢、身体和尾巴涂抹浴液时，使用稀释瓶或倾倒稀释盆内的浴液，可分次进行，避免一次性倒下太多，造成浪费。

用指腹轻轻揉搓，包括脚趾中缝，浴液只有充分与皮毛接触，才能达到清洁和护理的功效。手上的力量不能太轻，也不能太重，但一定要将浴液揉透。

浴液并非越多洗得越干净，最好选择适合哈士奇毛质的浴液，温水稀释后洗涤既节约又能达到清洁效果。

在清洁头部时，清理眼部的分泌物，要避免浴液进入哈士奇眼部、耳部，并防止不断地舔舐浴液。

冲洗浴液，不仅要注意水温，不要让水进入哈士奇眼、鼻、口、耳，而且要彻底将浴液冲洗干净，浴液残留会造成皮毛受损。为了显现更好的皮毛效果，可以使用具有除静电成分的洗毛精再洗一遍。耳边、胸前、腿部等位置的毛发，也可以涂抹少许浴液原液，更能达到蓬松、防打结的效果，但最终务必冲洗干净。

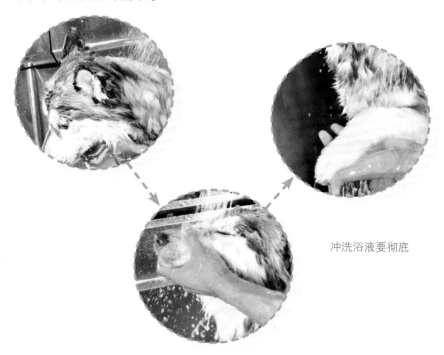

冲洗浴液要彻底

使用护毛产品，会使哈士奇的皮毛更加富于光泽和健康；同时使用营养皮毛的产品，最大程度上美化、防止打结、消除静电、预防脱毛。最后使用吸水毛巾，尽量将哈士奇全身的水吸干，用力地揉搓皮毛，会造成毛质受损。

使用护毛产品养护皮毛

最好使用大功率吹水机，对哈士奇进行顺毛吹风。被毛、胸前是毛质最厚的地方，要有耐心，一点一点地吹干。头部是哈士奇最不喜欢吹的位置，会经常躲闪和逃避。从小就要养成狗狗让吹水机吹头的习惯，否则长大以后，就更不让人碰其头部。

配合柄梳和针梳，将皮毛从上到下，从前到后，从里到外，一层一层地边吹风边梳毛，待八成干后，换为吹风机，中挡温度彻底吹干。尤其注意颈下、腋下、腹股沟、脚趾间，保证全身皮毛顺滑、服帖和滋润。

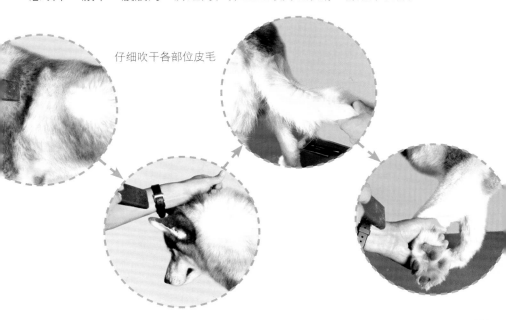

仔细吹干各部位皮毛

效果出来了，看看我们的哈士奇多漂亮！所谓"功夫不负有心人"，我们的悉心护理，将会使哈士奇更加英姿飒爽。

有良好教养的哈士奇狗狗
新生活的开始

1 "教养"训练导读

良好教养，不仅是哈士奇的"荣幸"，更是我们的"骄傲"。良好的教养，要从小就养成，如此新生活才得以真正开始。

哈士奇作为工作犬，因为其长期与人类生活而有着良好的服从性，但信马由缰的自由个性，又使我们感到"纠结"。既不能由它肆意妄为，又不能彻底泯灭它的威严和气质，确实需要我们有的放矢地引导。

"教养"既包括了"教"字，即我们要把训练的需求、指令、目的非常清晰地传递给它，还包括了"养"字，也就是循序渐进养成习惯。没有时间的培养过程，往往会无功而返，事倍功半。

我们和哈士奇之间，不能完全通过"言语"的沟通和交流，但可以利用的手段还有很多；同时，"教养"的养成和上课不同，可以随时随地，在家中和户外都能进行。只不过，有时是寓教于乐、一片和谐，有时是正言威慑、不苟言笑。

"溺爱"和"骄纵"是"教

养"形成的大敌。在家庭中，黑脸、白脸、红脸不同的成员争相出来表明态度，也会让进步中的哈士奇不知所措，前功尽弃。

刚进家门的哈士奇幼犬，就像是在幼儿园、小学时期，是"教养"养成的基础阶段，当然更是能否取得效果的关键阶段。基础不好，后天再努力，也只会深感徒劳无功。

牵引绳是哈士奇户外活动的必备用品，最好使用项圈+伸缩绳的组合。使用胸背会控制力不佳，完全没有必要担心项圈会卡住它，熟悉使用牵引绳，既可保证哈士奇的安全，更有助于"教养"的修炼。

哈士奇骨子里的服从性，并不代表我们说东，它就不往西。经常是，头天的事情，转眼就忘，刚做错了，又继续犯错，有的时候真是令人哭笑不得。

训"教"的成败，还在于我们对哈士奇的该赏时即赏，能不罚时可不罚，除非是现场抓到，否则罚也无用。

训"教"的关键，还在于我们对哈士奇的耐心与坚持，动作要"稳"、"准"，不可用力过猛、声色俱厉，更不可将其"关禁闭"、"关小黑屋"。

"教养"的养成，永远不能影响我们和哈士奇的正常关系，毕竟以牺牲相互的信任和交流作为"家训"的代价，实在得不偿失。

2 "教养" 训练的传达方式

哈士奇听不懂我们的语言，但我们还是要把"教养"告诉它们，让它们"理解"我们的用意，让它们"明白"我们的主张，赞同什么、反对什么。

肢体语言

赞同、表扬、称许的表示，在哈士奇看来是得到我们轻柔而温暖的抚摸，我们要尽量降低和它的高度差，采取半蹲、坐下的姿势，让它们感到安全。突然从身后接触它们，会让它们警觉而不安。

轻轻地抚摸哈士奇的下颚、头部、颈部、背部，它们都会感觉舒服和友善，这也是鼓励和夸奖它们"做得好"的行为。

眼神

对视有多种情况，有时是支持和友善的，表明哈士奇的行为得到了我们的肯定。有时是一种质询，

表明其行为有问题，需要明白遵从我们的指挥才是正确的。有时是一种警告，表明它的错误做法已经让我们非常不愉快，只有做到"下不为例"才可以得到谅解。

哈士奇一般会主动结束对视的过程，而我们首先转移看它的眼神，会让它们感觉自己的"胜利"。

言语

究竟我们说了什么话，哈士奇是很迷惘的，但它们会从我们的语气中，捕捉到我们传递出的信息。比如，是赞同还是反对，是普通的说话还是有寓意的内容。这样，我们就要坚定而明晰地将态度表现出来。

哈士奇对言语的理解，或者说对语气的理解需要时间，所以不能一两句话就了事，要让它们从神情或行为中明白了我们的意思再中止。

奖励和惩罚

　　哈士奇做得好时，3秒钟内进行奖励；做得不好时，3秒钟内进行惩罚。奖励不能是只要做得好就给予；惩罚要遵循"君子动口不动手"。奖励的表现内容可以用宠物食品、宠物玩具、游戏、抚摸、夸奖的语言；而惩罚的尺度，只要它们已经用眼神和肢体说明它们"明白"就可以了。

　　体罚只能加剧它们的叛逆和反感，或者产生怯懦、恐惧。过分严厉的责骂和没完没了地给它们"脸色"，无益于"家训"的指导。

特别提醒

　　· 无论要改掉狗狗的什么习惯，都要坚持每天"一堂课"，连续2周以上，绝不可能1~2天后就取得成功。

3 "教养"训练先安静

　　哈士奇的"教养"训练，需要让其先安静下来。它安静下来，就可以了解我们的指令，也可以最大限度地明确要做什么。

方法1：运动后。将哈士奇的体力和精力释放一些，乱蹦乱跳、思想不集中，就什么都做不了。

方法2：食物诱导。看到食物而不给食物，让它兴奋地乞食而不予满足，让狗狗知道要得到食物，是需要做些事情的，只能等待。

方法3：固定的手势和口令。让哈士奇明白，在固定的手势和口令下，必须要保持安静。

方法4：声音控制。较大的声音，可以让哈士奇的精神集中，不再心不在焉。

方法5：沉默凝视。主人的沉默和凝视，应该具有威慑作用，使得哈士奇集中注意力。

方法6：牵引绳。对哈士奇使用牵引绳，保持它的稳定。

方法7：警告安静。轻弹哈士奇的鼻头，示意它安静下来。

4 "教养"训练的领导者

　　哈士奇过去都是群居，要维系群体的基本秩序，必须有尊卑长幼的地位差别。和我们生活在同一个屋檐下，哈士奇会把我们看做同族的不同个体。谁是领导者，它就会听谁的话，谁在它的心目中不是领导者，它就会拒绝接受其任何指令。

　　有的时候我们会抱怨，为什么哈士奇不听最关心自己的家人的话，但对家里最不管它事情的人却言听计从。对于哈士奇来说，最关心自己的人地位比最不管它事情的人的地位要低，该听谁的，也就一目了然了。

　　没有明确的领导者和狗狗的关系，任何"教养"训练都会无功而返。因为哈士奇知道，就是不按要求去做，也不会有任何关系，所以经常应付了事。

　　作为领导者，"教养"训练的过程，要保持前后一致，具有连贯性。不是领导者的其他家人，也要保持相同的态度和做法，这样哈士奇才能更快成长。

5 "勿以善小而不为"的"教养"训练

　　无论哈士奇幼犬还是成犬，其生活都应该是有规律、有秩序的，日常小事的"教养"训练一点一滴，更容易使狗狗接受和牢记。

↘ (1)"遛犬"之道

　　"遛犬"="排便"，这似乎是养犬的常识。"遛犬"="排便"+"运动"，这似乎是常规的养犬习惯。这样的方式，既对，也有所欠缺。

　　在家"排便"固然影响环境卫生，但在家中指定地点，完全不会影响到我们的生活。即使我们的时间和狗狗的排便时间交错，也不会让狗狗憋着，狗狗知道自己找地方"解决"比定时定点的必须外出"解决"更适合我们。

　　| 结论 | 不要固定遛犬时间，教会狗狗自己"解决"。

　　"遛犬"是主人跟着狗狗走，还是狗狗跟着主人走？是一前一后走？还是一起走？……应该是带着狗狗一起走。

　　"遛犬"的习惯，是我们帮狗狗养成的。相同的路线、相同的地点，狗狗就会认为是它的领地，"牵着"我们往前跑，"遛着"我们到它的地盘中。

　　| 结论 | 不要固定遛犬的路线和地域，将它放在我们的左侧和我们一起走。

　　"遛犬"时，狗狗四处留尿占地盘，害得社区里面的汽车纷纷把车轮挡起来，很多角落也被"禁止犬只破坏环境"的标语予以警告。

　　这也是养犬人的"悲哀"，狗狗要尿哪里，不是本性所致，而是我们默许了它们的行为。我们要勇于纠正其不在不应该"方便"的地方"方便"。

　　| 结论 | 做文明的养犬人，要管好自己的狗狗，更要让狗狗明白不该做的事情不能做，因为我们是它的主人。

(2) "居家" 之道

狗狗一辈子多数时间在家中度过，除了睡觉之外，最渴望的就是和我们在一起。不过如今，工作、生活都会占用我们很多精力和时间，真正陪伴狗狗的时间并不长。因此，要让狗狗懂得"居家"之道，也是"教养"所致。

多数家庭中，人的作息习惯、日常规律已经成为狗狗的"行为时间"。我们起床、吃饭，它们也同样；我们外出做事，它们在家；我们到家娱乐休闲，它们守候在旁边。

一旦我们的生活有所改变，狗狗就会变得非常茫然和抑郁，不安和焦躁让它们"心乱不安"。比如，原来半个小时的户外运动，变成了十分钟的快捷"方便"；晚上7点的晚餐时间，到了11点还不见人回；原来回家的互动游戏，变成了在一边的不理不睬等。

| 结论 | 让狗狗有自己的生活空间和时间，不完全依赖和留守在我们身边，让养犬生活更加轻松，不要将养犬变成负担。

家中负责哈士奇生活的总是专门的人，其他的人既不过问也不帮助，这会让狗狗感觉可以"欺负谁"，但要"害怕谁"；可以"向谁耍赖"，只能看谁"脸色"。

哈士奇对家庭成员的"地位"判断，一方面会助长不好习惯的滋生和蔓延，另一方面会有错不改，知错犯错地寻求"保护伞"。

| 结论 | 养犬之事，人人有责，"教养之事"，人人负责。大家态度一致、口令一致、做法一致，让狗狗谁的话都要听、都要做，事情才会好办很多。

从哈士奇进家的第一天，做任何事情都要有"对"和"错"两种评判。做对的事情，狗狗会得到夸奖和鼓励，做错的事情则不用理会和斥责。

要允许狗狗犯错，也要及时纠正狗狗的错误。哈士奇会一错再错，我们只有耐心地提醒和坚持地教育，强化其记忆。

| 结论 | 改错越多，狗狗越进步；改错越多，狗狗越得奖赏；改错越多，狗狗教养越高。

(3) "行为"之道

"扑人"的习惯是我们教狗狗养成的，以此表示我们完全接受狗狗的热情，因此改掉"扑人"的习惯，还要从我们自身做起。

狗狗"扑人"时，要握紧其抬起的前腿，适度用力；同时，低下身子，与其同高，放下其前腿；绝对不应和它"扑人"，转身离去；后退几步，令其"坐好"，即使坐好，也不要给予任何"肯定"的举动。

| 结论 | 所有方法都要"告知"其"扑人"不得人心, 不能以此表示"友好"。

"唤回"对于哈士奇有着重要意义。唤回的前提是，狗狗从小要有与我们保持最远距离的概念，一旦超出最远距离，狗狗会有不安和焦虑的情绪，这样才能让"唤回"真正落实。

要让哈士奇听懂"回来"指令是回到我们的身体左侧并稳定住，配合指定的手势，是提醒哈士奇"回来"是马上行动，不允许有任何犹豫，按照指令做才是对的；使用伸缩牵引绳，当它没有反应的情况下，通过收缩牵引绳将其带回；适应复杂环境中的"唤回"，只有做到各种复杂环境都能第一时间唤回到位，才能开始没有牵引绳的情况下由近及远的训练。

| 结论 | 十米范围内对哈士奇要能随时唤回到位，超过十米为哈士奇的"禁区"，"禁区"危险重重，后果严重。"唤回"让哈士奇得到的不是"奖励"的惊喜，而是"安全"的保证。

"坐"和"等待"能够强化哈士奇的稳定性。"坐"并非像日常的休息，懒散地蹲着，"坐"要有坐像，是它对我们指令的服从性动作。"等待"是在"坐"定的基础上，要求其原地不允许乱动，直到"等待"解除，才能自由活动。

明确"坐"的口令及手势，要求哈士奇"坐下"，可以适度在其腰角部位往下轻按，帮助其完成动作，更能让它理解并规范动作。前腿自然并拢直立，后腿坐姿规整，不盘腿，不外伸。"坐"到位了，稳定十秒钟后，进行奖励。

奖励食物，不允许其动作变形或站起，要始终为"坐"的状态。

由于环境的不同，要变换不同场合，使哈士奇都能准确、迅速、稳定地"坐"好，这是关键的一步。接下来，通过口令"等待"，让哈士奇保持"坐"的状态。

如果哈士奇要变换姿势或停止"坐"的动作，马上用口令要求它继续。延缓"坐"的动作时间越长，即等待时间越长，效果越好。

"等待"时间由短到长，需要一个过程，不必强求集中时间一气呵成；同时，人与哈士奇的距离也可以根据等待时间变长，距离加大，能够达到10米左右，效果最好。

| 结论 | 培养"坐"和"等待"需要我们付出更多的耐心和鼓励，适度的奖励会让狗狗更高兴。

6 "教养"历程

五周以前

　　哈士奇睁开了眼睛，感知了母犬和兄弟姐妹的存在，睡觉占去了它们的多半时间，慢慢开始会爬了，会走了，在和同胞的争抢中，能吃更多的奶汁。

　　这时，哈士奇的生存意识很强，但对外界的感知能力刚刚开始，也不能作出什么判断。可以通过轻柔的抚摸、声音、物体的吸引，锻炼哈士奇幼犬对外界的反应。

五周到八周

　　哈士奇对声音信息有了理解，在与同伴的嬉戏中有了更多的交流和个性表现。兄弟姐妹之间，经过一段时间的相处，同族中的不同地位确立起来。地位低的怯懦、胆小、被欺负、敏感、易惊恐、争抢无力；地位高的嚣张、跋扈、粗鲁、好胜、无所顾忌；还有一部分中庸者，与世无争，自我玩乐。这些都对哈士奇日后性格的发展具有影响。

九周到十二周

这是哈士奇进入家门的最佳时间段，要多花一些时间陪它，让它知道自己的名字，新家哪里能去，哪里不能去，家中的成员都要轮流和它嬉戏、抚摸它，包括各种声音的刺激，能做什么，不能做什么，都要开始教给哈士奇。

这段时期，也有可能出现坏习惯的苗头。例如啃咬家中物品、扑人、偷吃食物、窜上沙发或上床等，及时进行纠正和教育，免得日后屡教不改。

十三到十六周

哈士奇开始会在家庭中，争抢示好、谋求地位的各项"行动"。家庭成员的不同态度、做法、分歧，会直接引起狗狗服从性的差异。

十六到二十六周

这个阶段，也是哈士奇生理情况的调整期，包括换牙阶段、器官逐步成熟阶段。所以，情绪的波动、行为的亢奋，或多或少都会使其犯错误。我们要保持冷静，继续鼓励它的自信心，避免敏感、神经质，使其多接触不同的人、同类和环境；同时，要有各种"稳定性"的训练。

八到十四个月

从幼犬过渡到成犬期，哈士奇的个性更加彰显，往往会不听口令、不喜欢服从、忘性很大。抓紧这段时间，多多培养狗狗的社会化和服从性至关重要。一旦固化一些不良习惯，要想改变和调整，就需要花费更长的时间。

十四个月到三岁

哈士奇到了三岁左右就完全进入成熟期。从懵懂的幼年到真正长大，就好像是一个小孩，我们日夜相伴、扶持成年，有多少欢喜，也有多少纠结，酸甜苦辣的滋味，只有我们自己知道。一只具有良好"教养"的哈士奇，包括了我们的心血，也是它们对我们最好的回报。

第7章

哈士奇狗狗
行走四方

　　总是将哈士奇"宅"在家中，无论是对其身体还是心理都没有好处。除了让其加强运动和多晒太阳，还要带它们出去走走。让哈士奇多见见世面，接触不同的环境，对它们的身心成长很有益处；同时，我们和狗狗一起，在大自然中，既能享受生活的美好，又能与它沟通感情。

1 行走的秘籍

外出时要携带证明：犬证、宠物健康免疫证、检疫证明。

铁路／机场手续／前往专门动物检疫站进行报验。到达目的地后同样需要报验。回程时还要到当地检疫部门开具检疫证明。

提前办好手续／检疫合格证明一般是7天的有效期；铁路托运需提前3个小时；航空托运需提前4个小时。

选择目的地，尽量避免未开发的景区、野山、野河、野海，享受生活不是极地探险。

住宿条件不求奢华和完备，但旅程中的哈士奇需要安静而舒适地好好睡上一觉，最好提前能和住宿单位沟通好携犬事宜，征询是否能和主人共居一室，休息前一定要遛犬便溺，保持环境卫生。

开车出行，不要怕繁重而不为哈士奇准备航空箱。航空箱既能作为承载笼具，更能保证它在旅行中的安全。

2外出的安全

↘ (1) 去海边的安全

安全准备 / 由于海边住宿条件的限制，我们必须做好充分准备，包括专业犬粮（足量）、零食咬胶（足量）、瓶装水、犬证和多条犬链（包括项圈和牵引绳、伸缩牵引绳）、食盆、水具、梳毛工具、吸水毛巾和大功率吹风机。

护理准备 / 洗耳液、洗眼液、棉签数包，每次海边玩耍后要仔细检查眼睛、耳朵、皮毛和脚垫等。

生活准备 / 大量塑料袋以及纸巾、湿纸巾。

药品准备 / 外伤药、纱布、消毒碘酒、棉花和滴耳液等。

↘ (2) 去森林、湿地的安全

安全准备 / 森林、湿地经常露营，免不了蚊虫和各类爬虫，许多植物带刺、果实也带刺，这些都或多或少会给哈士奇带来影响，尤其是梳毛工具、清除体外寄生虫的外用药不可缺少。

护理准备 / 洗耳液、洗眼液、棉签数包，玩耍后要仔细检查眼睛、耳朵、皮毛和脚垫等，尤其是观察皮毛是否有外伤和体外寄生虫。

药品准备 / 外伤药、纱布、消毒碘酒和体外寄生虫药品等。

3 旅游快乐走四方

↘ (1) 确定行程

自驾车携犬旅游有多远？

200公里以内，短程旅游，郊区周边，各类度假村，1~2天。200~500公里，周边游览景点，沿海城市，2~3天。500~800公里，边行边游，尽享畅快旅途，3~5天。

↘ (2) 食物和饮水

旅途中，尽量不要让哈士奇吃太多的食物，保持体力即可。

使用饮水器头或宠物专用水瓶，避免狗狗将水具打翻。

不要随便在河、塘取水，或让狗狗私自饮用，避免其肠胃不适和腹泻。

↘ (3) 航空箱和座位

将航空箱、座位安排在合适的位置。

最好在航空箱和座位底部放置尿垫或垫子。

准备一些塑料袋，在狗狗呕吐时使用。

4 文明的表现

　　无论是在社区，还是在私家"领地"中，尽管不会面临"非文明行为"的处罚，但做一个文明的养犬人，既是公民的公德体现，也是对周围邻里的尊重。

(1) 我们是文明人

- 携带方便袋及时收起狗狗的便便。
- 遛犬时，避免在公共设施或汽车轮胎行便溺。
- 在道路上主动规避老人、孩子、孕妇和怕狗的人。
- 狗狗向人吠叫，要及时制止。
- 公共遛弯的地方，一定要牵绳。
- 对于不友好的狗狗，最好牵绳离开，避免纷争。
- 最好远离人多、人杂的地方遛犬。

(2) 文明 "一绳牵"

　　绳牵的感觉：很多主人往往认为绳牵会让狗狗不自由，自己还要腾出手来很麻烦，对于听话的狗狗来说必要性不大。其实，文明一绳牵，更重要的是安全一绳牵。

　　幼犬开始对绳牵非常不适应，宁可被拖拉着一步不走，也不喜欢被拴。从小就让狗狗明白，绳牵就是"外出"、"玩乐"、"和主人一起"的代名词。

　　绳牵的作用是控狗，也就是说是我们"牵"狗，而不是狗"遛"人。绳牵要控制狗狗在自己的左侧（也可以在右侧），不"超前"也不"落后"，绳牵绝不能过紧，力量的控制只是让狗狗服从性地不乱跑。

　　使用绳牵，可以对狗狗进行很好的服从性训练，要多给予狗狗鼓励、夸奖，让狗狗不仅能熟悉绳牵，也能喜欢上绳牵。

(3) 绳牵全攻略

首先，我们了解一下日常的两种绳牵种类。

★项圈牵引带

✓时间长了会影响脖颈上
的皮毛。

✓项圈可起到很好的装饰
作用。

✓比较容易控制狗狗。

推荐指数 ★★★⯨☆

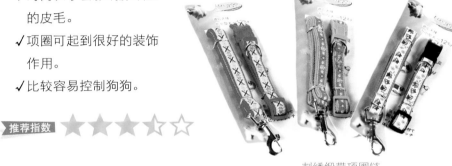

刺绣缎带项圈链

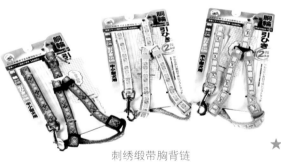

刺绣缎带胸背链

★胸背牵引带

✓穿戴比较麻烦。

✓肩部用力均匀。

✓防止腿部退出。

✓适合哈士奇幼犬使用。

推荐指数 ★★★☆☆

★哈士奇绳牵最佳组合：蛇形链+伸缩牵引绳。

蛇形链：

✓坚固结实。

✓不勒卡狗狗脖颈，很少磨损哈士奇颈部被毛。

✓价格较贵。

蛇形链

推荐指数 ★★★★☆

伸缩牵引绳：

✓选择和中大型犬的型号，带状绳更加牢固。

✓具有一定的自由跑动空间。

✓紧急情况不能制止意外发生。

✓不适合性格暴烈的狗狗。

✓品牌产品效果好、耐用，但价格较贵。

(4) 其他相关产品

★口罩

携犬外出时，为了避免狗狗随便捡拾脏东西，或误食毒物，可为其佩戴合适的口罩、嘴套。

★身份证（信息筒、信息坠等）

养成给哈士奇佩戴身份证的习惯，即使跑丢或出现意外，被找回的可能性也很大。

狗狗"身份证"

★止吠器

并非对所有喜欢吠叫的哈士奇管用，但一定程度上可以在不应该吠叫的场所使用，最大限度上避免扰民现象。

（5）随车的装备

车载安全胸背或航空箱。表层防水质地加之柔软棉质内衬，将狗狗放置后座右侧上，保证狗狗安全。

带碗式便携水壶 / 出水快，折叠式碗容量大。

牢固而操作便利的**伸缩牵引绳**。

闪光宠物胸牌 / 在夜晚方便寻狗狗，胸牌内还有狗狗ID记录卡片。

大量塑料袋 / 随时随地做好垃圾、便便的清理工作，做个"文明人"。

HUSKY
DOGS

第8章

哈士奇狗狗
家中百宝箱

哈士奇的日常护理多数可以在家里完成。家中备有百宝箱不仅有助于哈士奇的健康，更是我们应尽的责任。

护理百宝箱

哈士奇的皮肤是弱碱性（pH值约为7.5），而人的皮肤是弱酸性的，人用洗护产品容易洗去皮肤表面的油脂，但会造成狗狗皮肤干燥、瘙痒，产生皮屑、皮炎，极易出现皮肤病。

哈士奇的双层毛能够很好地保护皮肤，同时也可起到耐寒、隔热的作用。只要做到每日梳通、梳透皮毛，脱毛现象就能有很好的改善。

由于狗狗的皮肤上没有汗腺，过于频繁地护理它的皮毛，会加重出现脱毛和稀疏的现象。

(1) 正确选择宠物洗护产品

　　哈士奇的被毛比较服帖，不是非常蓬松，使用浴液一定要稀释，并充分地揉搓。冲洗时，尽量不要有香波残留，并非泡沫越多，就洗得越干净，要选择刺激性小、碱性小，香料、添加剂少的。哈士奇的皮脂生长周期在20天左右，如果每天都进行清洗，身上分泌的油脂减少会刺激皮肤。分泌的油脂具有很好的保护作用，过于频繁地清洗，极易引起皮肤病，夏季10天一次，冬季15~20天一次为宜。

　　目前市场上的浴液种类很多，针对不同功效的浴液，可以有的放矢地选择。

全效型

一般价位较低的浴液，基本保证清洁功效。

低沫型

低过敏、无刺激、易冲洗和不残留洗液。

草药型

要注意草药成分是否会使敏感皮肤产生不适。

增色型

也可以解释为"还原色"，使哈士奇的毛色更接近于原色。

药物型

针对狗狗皮肤的不同情况，详细阅读说明书后，在宠物医师或专业人员指导下使用。

燕麦型

使哈士奇皮毛更加服帖，有止痒作用，注意在被毛上停留时间要短。

除虫型

具有较强的清洁作用，驱除体外寄生虫还是需要专业药物，使用此类浴液皮肤会比较干燥，不适合冬春两季。

干粉型

俗称"干洗粉"，粉末可以起到一定的杀菌、清洁和增香的作用。

干洗水

专业皮毛清洗产品，不用清水冲净，可起到清洗、蓬松和护毛的作用。

(2) 哈士奇日常洗护

★哈士奇不是浅颜色的狗狗，凑合洗洗就可以了吗？

　　人每天都要洗脸、刷牙，经常洗澡，既保持身体卫生，更是健康的需要。哈士奇也一样，洗澡不仅是日常必需的清洁工作，而且通过这个过程，可了解哈士奇的健康情况。在家中，哈士奇的洗澡是项"工程"，有条件的最好到专业宠物美容店或者是宠物店。尽管哈士奇皮毛本身不易显脏，但也不要等到"泥猴"一般才想到去洗澡。由于一般家庭的空间有限，洗澡和吹风的设备不够专业，往往不能彻底地梳毛、开结、浴液充分浸泡、揉搓皮毛、吹风时间太短、皮毛未干就会匆匆结束，都会让清理过程不彻底。其他方面，包括清理眼部、耳朵、剃脚底毛、挤肛门腺、剪指甲，好动的哈士奇不配合也处理不好。

温馨提示

　　•定期对哈士奇做整体的清理，同时细节的清理也不能遗漏。

★哈士奇总是甩水，不配合，怎么办？

　　从小就要养成哈士奇适应清理身体的工作，包括抚摸头部、身体、保持在浴缸中的稳定，因为有的时候在洗澡过程中受到的用力过猛、强迫动作、水量过大的喷头直接打在身上，都会让幼犬不安和急躁，日后也越来越不配合。

　　在吹风过程中，哈士奇也会挣扎和反抗，在美容台上不停地变换姿势，让吹风过程显得十分复杂，尤其是吹头、吹脸，甚至出现追咬吹风筒的情况。

　　这时，要安抚狼狈不堪的它，将吹风换为中挡或低挡，温度也不要过高，让其适应风量和热度，不得强迫或过分用力。

　　甩水既是本能的动作，也表达了不耐烦的情绪。无论如何，都要从小培养它的适应性，才能在最短的时间内吹干皮毛。越是担心它、纵容它，甚至停止操作，哈士奇越会认为只要"吵闹"就可以不洗澡了，而永远不予以配合。

温馨提醒

洗澡过程就是服从性的体现，要让狗狗知道不按要求做是不允许的。

★让哈士奇接受身体接触很难吗？

有些部位，哈士奇不喜欢被人抚摸和碰到，不仅是敏感，还会做出抵触的反应。例如，爪子、腹部、头部、尾部等，但在日常护理中，不能过于迁就它。

一方面，从小就要多对这些部位进行抚摸，降低它的敏感度；另一方面，动作要轻，不能过分用力，强迫或者真弄疼了，会让哈士奇记住这个动作和部位，日后再碰到，其情绪会更加焦躁。

有时间就对哈士奇的全身进行按摩，也可以最大限度地减少它的抗拒，尤其是不能形成一碰就要张嘴的坏习惯，必须及时制止和坚决抵制。

温馨提醒

有必要时，可以绑定哈士奇的嘴，让它知道以张嘴来作为反抗是万万不行的。

★经常被忽视的几个护理要点

要定期为哈士奇进行指甲的修剪，以防时间长了，指甲长弯，刺入脚垫，造成行动不适；要定期为哈士奇修剪脚底毛，脚底毛过长，降低了接触地面的摩擦力，运动的速度和灵活程度会大幅度降低；要定期将腹底的毛清理干净，尤其是生殖器官周边的毛，出现炎症及时就医；要定期检查哈士奇的牙齿状况，如果出现口臭或牙结石，由专业人士和动物医师给出改善方案。

★宠物洗护产品一瓶最好，很省事吗？

    洗、护分开对于哈士奇的日常护理最合适。如果是家庭使用，选取不要过于低廉的洗护产品，它并非只是将皮毛洗干净，更主要是对皮毛起到清洁、护理、营养、柔顺和减少静电等作用。

★宠物洗护产品种类太多，该怎么选择适合哈士奇的？

    日常使用，选择洗、护产品就可以了。有的品牌也会包括幼犬无泪配方或全犬种的。对哈士奇来说可以更强调清洁、还原毛色、滋润、顺滑和除静电等效果。

★宠物洗护产品分春夏秋冬的不同吗？对哈士奇在使用时有什么特别注意的？

    空气比较干燥的时候，使用一些补水和滋润成分的洗护产品。夏季以清洁、保湿为主。冬季需要更多的护理，应使用防止静电和润泽成分更多的产品。

↘ (3) 哈士奇的耳道清理

    每日都要检查哈士奇耳道，观察是否干净、检查是否有异味。用棉签配合宠物专业洗耳水深入耳道进行清洁，有黄褐色或棕色分泌物，需要及时清理；发现耳道肿胀，必须及时就医。

(4) 去除体外寄生虫

药剂驱虫 / 快速杀灭，安全可靠，使用方便。

功效保证 / 杀灭虫卵和幼虫，防护期不低于2个月，对过敏性皮炎、芥螨、壁虱和蚊虫叮咬有防护功能。

使用剂量 / 大型犬滴剂，40毫克以内。

包装类型选择 / 喷剂速杀体外寄生虫，以治疗为主。滴剂常规保护和防护，通过脖颈渗入体内和血液循环。

使用攻略 / 喷剂距离哈士奇身体被毛10~20厘米逆毛喷洒，保证全身被毛湿透。佩戴一次性安全手套按摩狗狗全身。避免哈士奇眼部入药。着重喷淋狗狗腹部、胸部、颈部、尾部和爪子。不可使用吹风机或毛巾拭干，自然风干为好。将包装类型合适的滴剂（1.34毫升）一次一管，滴在狗狗肩胛骨间被毛皮肤上，每小滴间隔1厘米。

使用注意事项 / 避免哈士奇舔舐药液而引起中毒。

2 健康百宝箱

狗狗健康的知识或情报从哪里得来?

根据有关单位的资料分析:专门买书学习9%;在杂志上了解 16%;自己总结经验28%;通过朋友了解 25%;通过宠物医院得知22%。

↘(1) 狗狗心理探秘——分离焦虑症

哈士奇多数比较"黏人",尤其是它们楚楚可怜地望着我们离开家时。当我们关闭房门的那一瞬间,它们会大声地吠叫,过分地舔舐自己某个地方的皮毛,随便尿尿和便便,将能够拉扯的"东东"散乱得到处都是,搞翻所有食盆、水具,磕坏家居,上蹿下跳……

根据宾夕法尼亚大学麦考林博士对类似狗狗现象的分析,由于哈士奇对我们的过分依赖,即使是短暂的分离都会造成恐慌和不安,而这种"分离焦虑症"心理问题造成的后果,通过训练是很难改善的。

面对哈士奇的种种"调皮"行为,责骂甚至武力警示都是收效甚微的。

- 我们必须坦然面对回家时,呈现出的满目狼藉,不要发火,默默地将一切恢复原状。
- 我们要对哈士奇独自在家抱有理性的态度,无论是出门前,还是进门后,都对

它们不必持有过多的"通告"和"表示"，最好连哈士奇狗狗那可爱的眼神都尽量回避。

- 我们要有意识地培养它们对我们出门的自然反应，而不是刻意渲染出门的过程。
- 在家与它们相伴时，牢牢抓住相处的主动权。哈士奇每次渴望受到关注的时候，都一定要得到我们的回报。

特别提醒

- 从狗狗进入家门的第一天起，时刻提醒自己不要过分宠爱它（包括自己的亲人和朋友）。
- 修正所有与哈士奇过分亲密的行为，如在一个被窝睡觉，用嘴喂狗狗食品。
- 给予一定的陪伴、玩耍、相处时间，不要因为自己的忙碌、烦躁、劳累而忽视哈士奇的存在。
- 在哈士奇幼年时，就训练它们养成自己在家的好习惯。

↘(2) 建立家庭"爱宠小药箱"

★外科急救品

症状 / 皮肤外伤、骨折、皮肤问题等。

药箱储备 / 双氧水用于清洗伤口。云南白药用于伤口止血。消炎粉（磺胺结晶）用于创伤消炎，涂抹伤口表面需进行包扎处理，防止犬只舔舐。紫药水用于促进伤口愈合。红霉素软膏用于伤口消炎、愈合，化脓性皮肤病使用。小木棒用于哈士奇骨折时，固定骨折部位。碘酒、碘酊、药棉用于局部伤口消炎和消毒。

★消化道用药

症状 / 肠胃不适、消化不良和食欲不振。

药箱储备 / 多酶片、复合维生素、胃蛋白酶片用于狗狗消化不良，缓解食欲不振。庆大霉素片用于消化不良引起的呕吐和腹泻。

★驱虫药

症状 / 日渐消瘦、呕吐、便秘、拉肚子，有可能是感染寄生虫所致，如蛔虫、钩虫、弓形虫、隐孢子虫等。

药箱储备 / 专业宠物广谱驱虫药，针对某些犬类寄生虫的驱虫药。

特别提醒

混合喂药法： 将药片和其他食物，类似蜂蜜、奶酪等混合一起；或者放入小面包、小蛋糕里喂给狗狗。

手指递送法： 将药片放入掰开的狗狗嘴中，尽量用手指将药片放置在喉咙深处，将其嘴合拢后，捏住5秒钟，在鼻头处抹一点蜂蜜，待狗狗张嘴时，会舔舐鼻头，药片便会顺利咽下。

药液打入法： 如果是药液，先用吸管吸好，将狗狗的头部向上，用手掰开狗狗嘴部，将吸管药液顺势打入嘴中。

★其他家庭哈士奇用药

症状 / 眼部问题

药箱储备 / 专业宠物眼部护理液、去泪痕液。

症状 / 耳朵问题

药箱储备 / 专业宠物耳部护理液、洗耳水。

症状 / 晕车问题

药箱储备 / 安定片等。

眼护理液

温馨提醒

用药须知药物的每日服用量、每次服用量、服用时间和服用次数等事项。

HUSKY DOGS

第9章

哈士奇狗狗
宠尚奇缘

1 网络冲浪

　　网络世界是虚拟世界，但网络世界的精彩给予我们更多的便利、效率和实惠。除了阅览网络资讯、图片、音频、视频外，网络消费已经走入了寻常百姓家。网购的形式无论对于日常生活还是奢侈品的消费，都具有极大的诱惑力，足不出户，鼠标点击，轻松成交。目前各大网购网站、电子商务平台、网络团购等可谓风起云涌，争先抢夺市场，带来了前所未有的竞争场面。网络消费相对传统的铺面店、超市、百货商场形成的客户分流、消费分流、市场分流的局面已成定局。

　　局部地看，宠物经济中，宠物产品的消费成了网络营销的重点。在网络上进行宠物产品销售业务主要包括以下几种形式。

↘(1) 个人网店

　　这是数量极其庞大的群体，在一些知名网站的个人网店中，充斥着种类繁多的宠物产品。几乎只要说得出的品牌、名称、类型、规格应有尽有，同样的商品通过价格搜索、区域搜索，很容易查到卖家。在此过程中，还可以享受到进一步讨价还价的乐趣，以及针对宠物产品的各种咨询。

受到个人网络信誉评价的影响，客户往往会选择信誉评价较高的网店进行交易。

对于经营业务时间较长、服务较好的网店来说，成交量超乎想象的惊人。

如此海量的个人网店，也存在着鱼龙混杂、水平参差不齐甚至以次充好的情况。很多客户在关注价格的同时，比较忽视相关的服务，有些商家没有正规的销售单据或销售发票，退换货时推三阻四，不依据国家的相关法令法规，造成了客户经济上的损失以及扯皮现象。

⬊ (2) 业内网站的电子商务平台

宠物经济的媒质承载中，专业宠物网站以其专业性、集中性、宣传性、消费性相对个人网店更显品质优势。近几年，宠物网站通过建立电子商务平台，以其货真价实的产品、统一的物流配送、合理的价格、良好的口碑信誉受到越来越多养宠人士的关注。

此类电子商务平台的建立，弥补了个人网店中服务环节的不足，尤其是大品牌、受到大众认可的宠物产品几乎都可以选购得到。当然，由于各个宠物网站电子商务平台正在不断地完善及积累经验的过程中，还不能真正做到宠物商品品种更加丰富、更加满足客户需要。

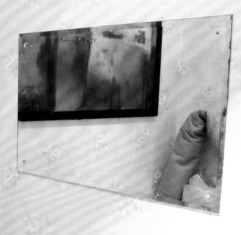

由于运营成本和管理成本较高，在宠物网站电子商务平台上销售的宠物商品在价格上还无法与成本低廉的个人网店真正形成市场"对决"的局面。

(3) 综合性的电子商务平台

目前，综合性的电子商务平台经过了各轮厮杀，出现了各具特色的市场架构。这些超大型的综合性电子商务平台凭借雄厚的资金优势、数年的渠道积累、庞大的物流配送体系、充分的人性化服务，已经告别了先前只经营单一的数码产品、电器、图书音像等单一模式，引入了日常生活的各类消费产品，并以惊人的拓展速度，挖掘客户群体。

尤其是庞大的宠物市场、宠物产品、宠物消费正在逐渐引起重要的关注。以前，基本都是第三方介入综合性的电子商务平台，而现在，他们已经直接招揽宠物产品的生产厂商和大代理商进入，使其产品更加丰富。

由于是大规模、全方位地设立宠物产品类别，价格上不仅实惠，而且更容易得到客户的认同。

↘ (4) 网络商店+实体铺面店结合

这是一种被客户最易接受的"结合"销售模式，既可以进行宠物产品的销售，又可以实现货到付款服务。两种业态的相互补充，既可以满足客户对低价格的需求，又可以消除客户在信誉、实力上的怀疑。

客户可以亲自前往实体铺面店，对某些需要了解的宠物产品进行进一步的考察再决定是否购买，甚至可以提出额外的服务要求。

当然，为了避免网络价格与实体铺面店价格自相"打架"，也会出现网络上的商品与实体铺面店商品存在差异。

由此，客户在选择此类店面的时候，要注意产品情况、质量、保值期、退换货条款等，做到明明白白消费。

↘ (5) 网络团购

新近网络最流行的消费形式无异于"团购"了。大大小小的团购网站中团购产品、团购服务比比皆是，只有想不到的团购项目，几乎没有做不到的团购名目。

宠物产品也可以形成"团购"形式，甚至宠物美容、造型、托管等都竞相成为团购内容。

客户参加团购，归根结底是想依靠于一定的群体数量，集中消费换来更加低廉的价格。宠物产品的团购是新兴事物，是否能够给消费者带来实实在在的实惠，不要盲目跟风，要理性处之。

至于宠物服务上的团购，由于不是直观上地了解，最好进行实地考察，再进行判断，不能被一个"网购"的噱头迷惑，最后得到名不副实的服务。

2铺面店消费

相对网络消费，宠物实体铺面店比较实在，而且一般都近在咫尺。尽管受到房租及人员成本的影响，宠物店的部分宠物产品价格略高，但毕竟总体的性价比是合适的。

宠物铺面店一般有以下几种形式。

⬊（1）以直营为主的宠物铺面连锁店

通过近十年的发展，国内以直营为主的宠物铺面连锁店正在不断涌现，高投资、精装修、店面大、服务类型多、针对中高端消费人群已经成了此类店面的特点和特色。

品牌消费意识在宠物经济中最先体现的就是宠物铺面连锁店，客户针对品牌及其树立的品牌形象进行消费，也培养出了相当数量的固定消费群体。

宠物铺面连锁店有规范的管理、稳定的价格、更多的特色服务。在这里，价格不是问题，宠物需求得到满足是第一位的。

⬊（2）以加盟店为主的宠物铺面连锁店

提出宠物店经营的全新概念，从店面装修、形象上进行统一，多数为个体经营。宠物服务内容比较灵活，价格设定根据自身情况，比较强调同中存异的感觉。

此类加盟店规模一般较小，以社区店为主，

资金投入较少，管理水平、业务开展、经营项目基本依靠店主的情况，价格适中，对客户而言，非常便利，很有亲近感。

(3) 自营的宠物铺面店

根据投入资金的情况，在一些社区、临街的主干道上，也经常会看到这种完全自营的宠物铺面店，或装修豪华、设备精良、颇有规模和形象。或简单装修、简单货架、简单业务类型，给人平平淡淡才是真的感觉。或铺面狭小、货品拥挤、专业服务感觉不明显，什么都可以做，但质量品质无须多要求。

客户可以根据自己的情况，进行有针对性地选择，核心就是：实惠、满意。宠物消费是一个长期的过程，许多时候日久生情，买卖双方都会产生更多的"依恋"，这是非常难能可贵的缘分，也给双方带来更多的交往空间，以犬会友其乐融融。

3 消费形式

网络消费现在一般采取支付宝付款、货到付款两种形式，谈及退换货问题，最好在消费前双方进行约定。

会员现金打折消费，很多消费单位都推出一些打折卡，购买或消费一定金额即可办理会员卡，再次消费时，可以享受一定会员折扣。

会员储值打折消费，客户在消费单位办理储值打折卡，每次消费扣卡即可，消费还会赠送积分，积分累积，兑换礼券或服务。

现在，很多客户抱怨到处都是各式各样的会员卡、VIP卡，一个钱包装不下，还要准备一个卡包才行。这也说明目前客户消费上的多元化，要获取更加低廉的价格、更高品质的服务，客户的选择也要精打细算。

俗话说"买的不如卖的精"，面对林林总总的消费形式，为了保证客户的利益，宠物消费不仅要看店家的价格，还要审视其相关服务、品牌的信誉、责任感和口碑。

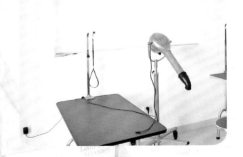

4 消费理财

↘（1）宠物消费分类和选择要素

一般情况下，宠物日常消费涉及以下几个方面：宠物产品、宠物美容和洗澡、宠物托管、宠物诊疗。

在这四类消费上，价格主要集中在宠物产品上。宠物美容和洗澡更看重人员素质、技术能力、配套设施、卫生消毒条件与管理要求。宠物托管责任重大，责任心、工作态度和托管环境一定是考量要素，价位的高低不必成为必要条件。宠物诊疗由于关系到宠物的健康保证，最好以专业水平高、大众口碑好、距离赴诊方便作为选择依据。

↘（2）消费渠道的选择

明确了四大消费内容，客户可以有的放矢地在消费渠道上进行选择。

宠物产品通过网络或宠物店进行购买各取所需。宠物美容和洗澡追求高品质、VIP服务的可以选择高档宠物会所或专业宠物美容造型场所。只是解决简单修剪，无须过高要求，社区宠物铺面店是不错的选择，但流动的宠物美容师上门服务需要审慎。宠物托管，一方面可以依托专业的托管训练学校，另一方面短期托管可以选择临近的宠物店，并签订相关的宠物托管协议，明确双方权利和义务。宠物诊疗，最好不要相信犬友的秘方或网络个人提供的信息，及时到正规的动物医院就诊，以防贻误治疗的最佳时机。

↘（3）明明白白消费

无论是宠物产品还是宠物服务，客户都要保存消费收据、票据或者正式发票，当面核查相关内容。对于储值卡消费，要进行签字或其他方式的确认，保留好相关凭证。

家庭中可以设置宠物消费记录，对于每一笔消费支出做好明细，可以了解家庭的财务支出，也可以制定更好的理财规划。

5 派对活动

养犬也是一件结交朋友、交流沟通、联络感情的事。各大业内网站的单犬种论坛、QQ群、单犬种宠物俱乐部人气都非常高。

参加各种各样的派对活动，不仅有助于丰富养宠人的业余生活，也可以在更大的平台上享受养犬的乐趣。

↘ (1) 选择一起郊游

带着狗狗，开着车，三五成群地在阳光灿烂的日子里，选择风景如画的郊外追逐、嬉戏，释放生活的压力，放飞追求美好生活的梦想。

↘ (2) 参与一些专业活动

春暖花开的时候、秋高气爽的季节，各地都会组织宠物参与的专业活动。不是赛犬，也可以通过活动，锻炼狗狗的胆量，更多地接触社会，培养更好的"交流方式"，得到专家的饲养建议和意见。

↘ (3) 进行有特色的训练

哈士奇的乖巧程度人所尽知，进行一些敏捷、花样、智能的训练，既可以增进主人与爱宠的信任和沟通，也可以在朋友面前展现生活的乐趣。

↘ (4) 留下宝贵的画面和视频资料

目前，数码相机、便携式高级数码相机甚至单反相机，已经走入了大众生活。和爱犬一起的时候，不求专业拍摄，但有意识地留下一些美好的画面、好玩有趣的视频资料，放到博客中、微博中，让更多的朋友分享自己的快乐时光，多么惬意！

6 更多的宠物时尚消费

　　宠物时尚消费，不仅是一种全新的消费理念，也随着宠物经济的发展，满足着更多养宠人的生活情趣与品质要求。

↘(1) 宠物主题公园

　　这是专门为宠物提供各方面服务的活动场所。各类人的休闲设施，狗狗游戏、玩乐的场地全面开放。还包括专业的宠物训练器具、宠物游泳池、适合不同体型宠物的分区设计，让养宠人自由地与爱宠，享受放松与自由。

↘ (2) 能携宠共享的主题餐厅

既提供人的美味佳肴，也可以找到日常狗狗吃不到的精美点心和食物。环境优雅、气氛温馨，或许还会有亲朋好友的见面，聊天谈地，消磨时光之余，更加装点品质生活。

↘ (3) 能携犬共享的度假村

这是很多朋友梦寐以求的生活。带上爱犬，在假期中，好好地消遣每一分钟，告别都市的喧闹、回归自然的怀抱。早起看朝阳，日落赏夜景，没有无关事物的打扰，感受难得的幽静和自在。

↘ (4) 拍摄精彩纷呈的人宠摄影

作为人像摄影的新型类型，人宠摄影已经被越来越多的养宠人接受并参与其中。一个人有几个十年？而我们的爱宠大多仅有一个。在这十年中，爱宠陪伴着我们，小到生活的点点滴滴，大到我们生活的变迁，它们都与我们共同经历和见证。

用镜头记录一起的经典时刻，用镜头留下一起的美好瞬间……